哈佛

智趣游戏

# 智趣数学

主　　编：博　尔

编委会主任：朱艳锋

编　　委：陆　爽　张丹丹　张亚娟　田晓明　徐　琰　栗克玲

重庆出版集团　重庆出版社

**图书在版编目（CIP）数据**

智趣数学 / 博尔主编 . —重庆 : 重庆出版社 , 2014. 10　（2018.10重印）
　ISBN 978-7-229-08787-6

Ⅰ . ①智… Ⅱ . ①博… Ⅲ . ①数学 – 少儿读物 Ⅳ . ① O1–49

中国版本图书馆 CIP 数据核字 (2014) 第 236200 号

**智趣数学**

博尔　主编

出　版　人：罗小卫
责任编辑：江　露
装帧设计：文　利

 **重庆出版集团**
**重庆出版社** 出版、发行

重庆长江二路 205 号　邮政编码：400016　http://www.cqph.com
郑州瑞特彩印有限公司印刷
全国新华书店经销

开本：1000mm×710mm　1/16　印张：12　字数：116 千
2014 年 10 月第 1 版　2018年10月第2次印刷
　ISBN 978-7-229-08787-6
定价：22.00 元

如发现质量问题，请与我们联系：（010）52464663

## 内容简介

亲爱的小朋友，你希望自己是个聪明的孩子吗？

或许在我们做了错事的时候，妈妈会"骂"我们是"笨孩子"，我们的学习成绩总是赶不上那些"聪明"的同学……

聪明不是天生的，聪明的同学都有使自己聪明的"秘密"，《哈佛学生喜欢玩的智趣游戏》希望能帮助你找到"使自己"聪明的"秘密"！

《智趣数学》是《哈佛学生喜欢玩的智趣游戏》的第一部，包括"趣味运算"、"玩转图形"、"数字游戏"、"哈佛经典"四个部分，它通过游戏的方式，把我们身边的事物、学校的许多数学问题进行重新建构，旨在启发我们的智慧。

同学们在进行数学运算的时候，或许会为某一道题找不到解决思路而着急；做了"趣味运算"，你就会觉得自己的思路开阔了，解题方法多了，你也就变聪明了。

"玩转图形"能够帮助同学们锻炼空间思维与想象能力；想象能力提高了，你的智慧也就提高了。

　　在"数字游戏"乐园里，同学们会遇到许多奇妙的"数字题"，它们会更加考验你的逻辑思维与反应能力；在解决问题的过程中，你的思维水平会获得极大地锻炼与提升。

　　"哈佛经典"篇每个问题设置上的精巧和逻辑上的缜密将使你受益匪浅，这也正是哈佛学生"喜爱"的理由。

　　亲爱的同学，我们不仅要在学校学习系统的知识，更要在课本之外学习更多、更有趣的、使自己聪明的"东西"，你说是吗？

# 目录

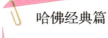

# 国际标准智商测试

　　智商，就是 IQ（Intelligence Quotient 的简称），通俗地可以理解为智力，是指数字、空间、逻辑、词汇、创造、记忆等能力，它是德国心理学家施特恩在 1912 年提出的。智商表示人的聪明程度：智商越高，则表示越聪明。想检验自己的智商是多少吗？以下是一份权威的 IQ 测试题，请在 30 分钟内完成，之后你就会知道你的 IQ 值是多少了。

## 测试题

1. **选出不同类的一项**

   A. 蛇　　　　B. 大树　　　　C. 老虎

2. **在下列分数中，选出不同类的一项**

   A. 3/5　　　B. 3/7　　　C. 3/9

3. **男孩对男子，正如女孩对**

   A. 青年　　B. 孩子　　C. 夫人　　　D. 姑娘　　　E. 妇女

4. **如果笔相对于写字，那么书相对于**

   A. 娱乐　　B. 阅读　　C. 学文化　　D. 解除疲劳

5. **马之于马厩，正如人之于**

   A. 牛棚　　B. 马车　　C. 房屋　　　D. 农场　　　E. 楼房

6. **请写出括号处的数字**

   2　8　14　20　（　　　　）

7. 下列四个词是否可以组成一个正确的句子

　　生活　水里　鱼　在

　　A. 是　　　　B. 否

8. 下列六个词是否可以组成一个正确的句子

　　球棒　的　用来　是　棒球　打

　　A. 是　　　　B. 否

9. 动物学家与社会学家相对应，正如动物与（　　）相对

　　A. 人类　　B. 问题　　C. 社会　　D. 社会学

10. 如果所有的妇女都有大衣，那么漂亮的妇女会有

　　A. 更多的大衣　　　　B. 时髦的大衣

　　C. 大衣　　　　　　　D. 昂贵的大衣

11. 请写出括号处的数字

　　1　3　2　4　6　5　7　（　　）

12. 南之于西北，正如西之于

　　A. 西北　　B. 东北　　C. 西南　　D. 东南

13. 找出不同类的一项

　　A. 铁锅　　B. 小勺　　C. 米饭　　D. 碟子

14. 请写出括号处的数字

　　9　7　8　6　7　5　（　　）

15. 找出不同类的一项

　　A. 写字台　　　　　B. 沙发

　　C. 电视　　　　　　D. 桌布

16. 请写出（　　）内的数字

　　961 （25） 432　　932 （　　） 731

17. 选项 ABCD 中，哪一个应该填在 "XOOOOXXOOOXXX" 后面

　　A. XOO　　B. OO　　C. OOX　　D. OXX

18. 找出下列字母中与众不同的一个（　　　）

H O I X F

19. 填上空缺的词

金黄的头发　　　（黄山）　　　刀山火海

赞美人生　　　（　　　）　　　卫国战争

20. 选出不同类的一项

A.地板　　B.壁橱　　C.窗户　　D.窗帘

21. 请写出（　　　）内的数字

1　8　27　（　　　）

22. 填上空缺的词

罄竹难书　　　（书法）　　　无法无天

作奸犯科　　　（　　　）　　　教学相长

23. 在括号内填上一个字，使其与括号前的字组成一个词，同时又与括号后的字也能组成一个词

款（　　　）样

24. 填入空缺的数字

16（96）12　　　10（　　　）15

25. 找出不同类的一项

A.斑马　　B.军马　　C.赛马　　D.骏马　　E.驸马

26. 在括号上填上一个字，使其与括号前的字组成一个词，同时又与括号后的字也能组成一个词

祭（　　　）定

27. 在括号内填上一个字，使之既有前一个词的意思，又可以与后一个词组成词组

头部（　　　）震荡

**28.** 填入空缺的数字

65　37　17　（　　）

**29.** 填入空缺的数字

41　（28）　27　　　　　　83　（　　）　65

**30.** 填上空缺的字母

CFI　DHL　EJ（　　）

参考答案

| | | | | | |
|---|---|---|---|---|---|
|1. B|2. C|3. E|4. B|5. C|6. 26|
|7. A|8. A|9. A|10. C|11. 9|12. B|
|13. C|14. 6|15. D|16. 38|17. B|18. F|
|19. 美国|20. D|21. 64|22. 科学|23. 式|24. 60|
|25. E|26. 奠|27. 脑|28. 5|29. 36|30. O|

计算方法：每道题答对得 5 分，答错不得分。共 30 题，总分 150 分。

结果分析：按照国际标准，人们对智力水平高低通常进行下列分类：

在 140 分以上者称为天才

120~140 之间为最优秀

100~120 之间为优秀

90~100 之间为常才

80~90 之间为次正常

# 趣味运算篇

## 001. 老虎的身长

动物园新来了一只小老虎，管理员想量一下它有多长。可是尺子太短了，管理员先量了它的头，发现虎头是9厘米。然后，他又量了虎尾和虎身，发现虎尾的长度是虎头的长度加上虎身长度的一半，虎身的长度是虎头的长度加上虎尾的长度。那么，你能算出这只小老虎到底有多长吗？

## 002. 分白面

迪卡的爸爸开了一家面包房。现在有10公斤袋装的面粉，迪卡的爸爸想要分别取出5公斤用来做面包。但是平时用的量具坏了，面包房里只有一个能装7公斤面粉的罐子和一个能装3公斤面粉的盆。那么，怎样才能正好把这10公斤面粉平分呢？做面包的面粉量可是不能多也不能少的。你来帮帮忙吧。

## 003. 巧称积木

下面3块积木的重量不同，但是差别很小，只能用天平才能称出来。维尼想把它们按轻重顺序排列出来，在没有砝码的情况下，最少需要称几次呢？

## 004. 称出假硬币

罗西手里有21枚硬币，可是其中却有一枚是假的，它要比其他的硬币重一些。如果给你一架天平，你最少需要称几次，就可以找出这枚假硬币呢？

## 005. 兴趣班

一个班级里的学生有选择美术班的、音乐班的，还有既选择了美术班又选择了音乐班的。如果已经知道班上报美术班的有1/7也报了音乐班，而报了音乐班的有1/9也报了美术班。算一算，班上报了音乐班的人是不是超过了一半呢？

## 006. 能吃的小猫

黛比生日时，父母送给她一只小猫做宠物。不久，黛比就发现这只小猫特别能吃，刚5天的时间，它就吃掉了100条小鱼。如果这只小猫每天比前一天多吃6条小鱼，那么它第1天的时候一共吃了多少条小鱼呢？

## 007. 箱子装箱

搬运工人将5个边长为1米的正方形箱子装入了一个大正方形箱子中，这个大箱子的边长为2.828米。你有没有什么好办法，把这5个小箱子重新装入一个边长比2.828米更短一点的正方形箱子内呢？

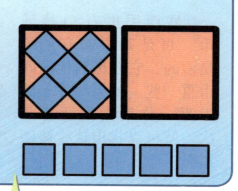

## 008. 长长的街道

彼得家所在的街道非常特别，街道上每栋房子都按顺序从1开始编号，直到街尾，然后从对面街上的房子开始往回继续编号，到编号为1的房子的对面结束。如果街两边的房子都是正好相对的，而编号为111的房子正好在编号为300的房子对面，你能算出彼得家所在的街道一共有多少栋房子吗？

## 009. 年龄的秘密

一位老人去世了，没有人知道他的年龄。老人临终时说他的孩童时期占了他生命中1/4的时间，青年时期占了他生命中1/5的时间，在生命中的1/3的时间里他是成年人，而在生命的最后13年里，他成了一位幸福的老人。那么你知道这位老人一共活了多大年纪吗？

## 010. 多少只羊

阿维牵了一群羊从山坡上走下来，阿西问："你这群羊有多少只啊？有100只吗？"阿维笑着说："如果我这群羊能翻一倍，再加上半群羊，再加上1/4群羊，再加上你的一只羊，就有100只了。"你知道阿维到底有多少只羊吗？

## 011. 鸡兔同笼

"鸡兔同笼"是最传统的数学思维名题了。看看下面这两道题，你是否能解得出来呢？

（1）有若干只鸡和若干只兔子关在同一个笼子里，一共有36个头，有50双脚，问：有多少只鸡，多少只兔子？

（2）有若干只鸡和若干只兔子关在同一个笼子里，鸡和兔子的头数量是一样的，脚一共有90只，那鸡和兔子各有多少只呢？

## 012. 蚂蚁钻盒子

有一只小蚂蚁，它要从盒子的入口钻到盒子中心去。盒子最外侧的边长有10厘米，盒中的通道呈"回"形，有2厘米宽。如果小蚂蚁一直沿着路中爬行，忽略盒子的纸壁厚度，那么到盒子中心时它一共爬了多远的距离呢？

## 013. 农场的动物

　　帕克有一个小小的动物农场，主要养了兔子和野鸡。有人问他一共养了多少只兔子和野鸡时，他回答说："我养的兔子和野鸡一共有35个脑袋、94只脚。"你能计算出帕克分别养了多少只兔子和野鸡吗？

## 014. 急速快递员

　　马克是一名快递员，他的送货量在公司内一直遥遥领先。有一天，他两趟一共送出了99份快递，当别人问他每趟送了多少快递时，他说：

"我第一趟送出的快递份数的2/3等于第二趟送出快递份数的4/5。"现在，你能算出他每趟送出了多少份快递吗？

## 015. 货车过桥

　　皮克的爸爸是一个小货车司机。有一天，他要过一座长26米的桥。这辆车的速度是4米/秒，车身的长度是 2米。如果车子一直保持匀速前进，那么皮克的爸爸需要多长时间才能过完这座桥呢？

## 016. 奶奶的年纪

　　老师让同学们把自己家庭成员的年龄填到表格里，戴维不知道奶奶的年龄，放学回到家里，就开始问："奶奶，您今年多大了啊？老师让填表呢。"

　　奶奶想借机考考戴维，就不慌不忙地笑着对他说："奶奶也忘记了，你就替奶奶算一算吧。奶奶用6年后岁数的6倍，减去奶奶6年前岁数的6倍，刚好是奶奶现在的岁数。"那么，请问奶奶今年多少岁了呢？

## 017. 外婆的鸡蛋

　　达明的外婆挎着一篮筐鸡蛋去集市卖，不想路上被开三轮的大叔撞了。人倒没事，就是鸡蛋都摔碎了。开三轮的大叔问："总共有多少鸡蛋啊？我给您赔，按市场价。"

　　达明的外婆说："哎呀，我也不知道啊，只是直接从鸡窝里拣的，4个4个地拣，但又多拣了一个。昨晚上是按5个5个数的，又多出1个，也不知道多少个啊。今天出来之前，我又按3个3个地数了一遍，最后还是多出来一个。"

　　开三轮的大叔算了算，把钱给了达明的外婆，两人各自满意地离开了。请问：外婆篮筐里最少有多少个鸡蛋？

## 018. 相见的日期

有3个好朋友心地都很善良，他们总会去孤儿院看望那些孩子。其中朋友甲每3天去一次孤儿院，朋友乙每5天去一次，朋友丙每7天去一次。当他们从孤儿院同一天走后，至少还要隔多少天三人才能在孤儿院再次相见？

## 019. 要喂多少米

艾丽的奶奶开办了一个养鸡场，每天给鸡喂大米，把它们养得特别肥壮。已知，20公斤大米供20只母鸡吃了20天，而40只母鸡40天生了40公斤蛋。请问，在同样条件下，艾丽奶奶要得到1公斤鸡蛋，需要喂多少公斤大米呢？

## 020. 羽毛球比赛

学校有很多羽毛球爱好者，校方为了鼓励同学们坚持这一爱好，特别组织了一次羽毛球比赛。已知，共有10个场地同时进行比赛，单打、双打都有。若是共有36名同学参加了比赛，请问：有多少场地单打，多少场地双打？

## 021. 酒鬼兄弟

酒桶镇有一对酒鬼兄弟，他们整天喝得醉醺醺的。一天，他们发生了争吵，哥哥说："都怪你喝得太多，我自己喝光一桶啤酒要20天的时间，但是跟你一起喝，只用了14天就喝光了。"弟弟却说："我喝的很少很慢，大部分的酒都是你喝的。"你能通过哥哥的话算出弟弟自己一个人多少天可以喝光一桶啤酒吗？

## 022. 平均速度

张先生每天开车去上班，虽然走的路程是一样的，但是这条路是条斜坡路。所以张先生去上班时的车速一般是50千米/时，下班回来的速度是45千米/时。那么，有谁知道，张先生上下班往返的平均速度约是多少呢？

## 023. 年龄之和

这是个很有趣的年龄问题。雷奥的爸爸今年44岁，雷奥今年16岁，当爸爸的年龄是雷奥的年龄的8倍时，他们父子的年龄之和是多少呢？（提示：先计算出多少年前爸爸的年龄是雷奥年龄的8倍。）

## 024. 是星期几

数学课上，老师在黑板上出了一道题，维克看了半天都算不出来，请你帮他算一算吧。题目是这样的：某一年中有53个星期二，并且当年的元旦不是星期二，那么下一年的最后一天是星期几？要好好想一想哟。

## 025. 谁挣得多

米雅和汉娜是好朋友，她们分别在一家鞋店和服装店打工，闲聊时，她们想知道3个月之内谁挣得多一些。可是，她们发现两家老板给她们发工资的方式并不一样。米雅说："我第一个月挣2000美元，以后每月多挣150美元。"汉娜说："我前半月挣1000美元，以后每半月多挣25美元。"请你帮忙算一算谁挣得多，为什么？

## 026. 整理空瓶的费用

同一宿舍的3个同学，准备清理饮料空瓶。首先，同学甲整理了5小时，接着同学乙整理了4小时，这样就全部整理完。同学丙因为临时有事，所以掏了9块钱作为付出劳动。请问，该如何分配这9块钱给甲、乙呢？

## 027. 最大差值

吃完晚饭，妈妈给丽莎出了这样一道题：有A、B两个两位数，已知A数的2/7和B数的2/3是一样的大小。那么，请你说出A、B这两个两位数的最大差值是多少。丽莎算了半天也没算出来，你能帮帮她吗？

## 028. 朋友的年龄

我的朋友玛丽莲告诉我，后天是她23岁的生日，邀请我参加她的生日晚餐。可是她又说："不过啊，去年元旦时，我还不到21岁呢。"我想了想，觉得很纳闷，你说这可能吗？我的朋友玛丽莲是哪一天的生日呢？

## 029. 余下的礼物

快到圣诞节了，波莉买了些礼物想要分给同班的小朋友，她想将它们装起来，如果每一对装一个小盒子，每两个小盒子装一个大盒子，每两个大盒子装一个大袋子，每两个大袋子装一个大包。装了大包还要装在箱子里，装完之后发现余下一个大包、一个小盒子零一个礼物。请问：一共余下多少礼物呢？

## 030. 阿穆达的难题

阿穆达喜欢做数学题，可是当他看见小数点，就头晕了，你来帮他算一算下面这道题吧：两个容器中各盛有54升水，一个容器每分钟流出2.5升水，另一个容器每分钟流出1.5升水，请问：几分钟之后，一个容器剩下的水是另一个容器剩下水的6倍？

## 031. 古老的挂钟

艾琳的奶奶家里有一个古老的挂钟，据说那是艾琳的奶奶的奶奶留下来的。这个挂钟敲3下用的时间是6秒。那么请你告诉我敲9下用多少秒呢？

## 032. 笔和本子的单价

王老师去文具店买一些笔和笔记本来奖励这个月表现积极的同学，买2个笔记本和买8支碳素笔的价钱是一样的，她买了3个笔记本和5支碳素笔共用去17元。请同学们说出笔记本和碳素笔的单价。

## 033. 看个子问题

音乐特长班里有10个学生，其中任意5个学生的平均身高都不小于1.4米，那么其中身高小于1.4米的学生最多有几人？

## 034. 美丽的挂饰

多拉叔叔家的妹妹过生日，这位叔叔请多拉全家去他们家参加生日宴会。多拉看见屋子里的挂饰美极了。一种挂饰是一个大花下面有两个小花，另外一种是一个大花下面有4个小花。叔叔告诉她，这房子里所有的挂饰上的大花共有480朵，小花共有1600朵。猜一猜，两种挂饰各有多少个呢？

## 035. 渡河

星期天，某班的学生一起去郊外玩，途中遇到一条小河，必须划船才能过去。去郊游的学生一共有42个，但是河岸边只有一条小船，小船每次只能载6个人，并需要3人划船。那么，这些学生需要多少次才能全部渡过河去？

我像你这样大时，你才一岁。

## 036. 算算年龄差

埃玛的阿姨特别年轻，别人都以为她们是姐妹呢。其实，埃玛的阿姨长到埃玛这么大时，埃玛才1岁。埃玛长到阿姨现在这么大时，阿姨就已经43岁了。那么，她们的年龄差是多少呢？

## 037. 商人分资产

有个好心的商人叫迪姆，决定把一部分资产捐出来做慈善。他把这些资产分成相等的若干份，可是谁也不知道到底是多少份。商人说："我捐给养老院的是这一部分资产的半数再加半份；捐给孤儿院的是剩下部分的半数再加半份；捐给流浪者的是剩下的半数再加半份；捐给学校的是最后剩下的半数再加半份。"结果正好把那部分资产捐完。请问：这个商人把这部分资产分成了多少份？

## 038. 完成工作的天数

有一件工作，海伦做9天可以完成，埃达做6天可以完成。现在海伦做了3天，有事情要离开，余下的工作需要由埃达来继续做。那么请问，埃达做几天才可以完成全部工作呢？

## 039. 辨别真假币

斯达姆有8枚一美元真币和1枚一美元假币，它们混在一起了。假币和真币外观相同，但是假币比真币略重。那么，如果让你用一台天平称出假币，最少称几次才可以将假币找出来呢？

## 040. 四人比赛

A、B、C、D四人比赛打羽毛球，每两个人比赛一场。结果是A胜了D。并且A、B、C三人胜利的场数是一样的。那么，请大家来算一算，D有几场获胜呢？

## 041. 鱼有多长

汤姆叔叔买了一条鱼，他知道这条鱼头长8厘米。鱼尾长是鱼头长加三分之一的鱼身长，而这条鱼的鱼身长是鱼头长加上鱼尾长，那么请你算一算，鱼全长是多少？

## 042. 伞和筷子的价钱

伯特仑和夏洛特外出旅游，他们回来时买了很多的东西送给朋友。伯特仑买了5把精美的伞和7双地方特制的筷子，共花了154元。夏洛特买了同样的伞4把，筷子10双，也花了154元。那么伞和筷子的单价各是多少？

### 043. 分数

在一次考试中，满分为100分。A、B、C、D、E这5个同学的成绩都很不错，他们的得分均大于91，但互不相同。现在只知道A、B、C的平均分数是95，B、C、D的平均分数是94。而且知道A是第一名，E是第三名，得分是96分，现在有3个数供参考，即96、97、98。那么大家猜猜D得了多少分?

### 044. 翻日历

卡托放学回到家，发现日历有好几天没有翻了，就一次翻了6张，这6天的日期加起来的数字是141。你知道卡托翻的第一页是几号吗?

### 045. 超市的顾客

有一家大型超市，做了若干记录表，来记录顾客流量，其中有一张表记录了从早上营业开始8分钟内的顾客进出情况。正数表示进入的顾客，负数表示出去的顾客。

| 时间/分 | 1 | 2 | 3 | 4 | 5 | 6 | 7 | 8 |
|---|---|---|---|---|---|---|---|---|
| 人数 | +6 | -3 | +2 | -1 | +5 | -4 | +3 | -2 |

那么，请你算一算，8分钟内光顾这家超市的顾客有多少位?

## 046. 瓶内的鲜奶

卡娜喜欢玩一些稀奇古怪的游戏，她总是把一些数字颠来倒去地算。比如有一次，她看见一个瓶内装有鲜奶，她就又倒进去500克又倒出去一半，然后再倒进去500克，这时她发现瓶内有鲜奶1200克。你知道瓶内原有鲜奶多少克吗？

## 047. 算年龄

普森太太今年70岁了，但是她精神爽朗，一直为孤儿院服务，孤儿院里的孩子都尊称她为奶奶。在这所孤儿院中，有这样3个年龄不同的孩子：最大的麦克今年20岁了，最聪明的迪卡15岁了，最调皮的塔姆5岁了。请问小朋友，几年后这3个孩子的年龄之和与普森奶奶的年龄一样呢？

## 048. 各带了多少钱

春天是游玩的好时节，有一天杰姆和娜拉相约去游乐场玩。出门的时候杰姆带的钱是娜拉的2倍，到了游乐场，买过门票后，杰姆的钱数是娜拉的3倍。已知门票是60美元，那么请你算一算，杰姆和娜拉出门时各自带了多少钱呢？

## 049. 卖相机

"露比，今天我终于把相机卖掉了。"约翰对妻子说，"原来我标价1300元，可没有人感兴趣，于是我把价格降到1040元，还是没有人感兴趣，我又把价格下调到832元。出于绝望，我再一次降价。今天一早，卢比把它买走了。"那么，你知道卢比花了多少钱买走相机的吗？

## 050. 到底星期几

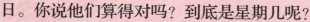

迪迪和乔恩在《智力题大全》这本书上面看见一道题：假如"昨天"之后的第15天是星期二，那么"明天"之前的第100天是星期几。迪迪说是星期二，乔恩算了算说是星期日。你说他们算得对吗？到底是星期几呢？

## 051. 乒乓球比赛

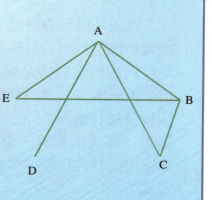

一个班进行乒乓球比赛，一共分成5组A、B、C、D、E。每两组之间都要进行一场比赛，直到目前，A组已经比赛了4场，B组已经比赛了3场。C组已经比赛了2场，D组已经比赛了1场。算一算，E组比赛了几场？

## 052. 火车提速
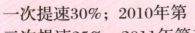

某人乘火车从A城到B城，他知道2008年需要19.5小时，2009年火车第一次提速30%；2010年第二次提速25%；2011年第三次提速20%。经过这3次提速，从A城到B城乘火车需要多少小时就可到达？

## 053. 丙的年龄

公园里有甲、乙、丙3个人，他们游玩累了，不约而同坐在一个石桌旁休息。闲聊时得知，甲21岁，乙15岁；而且知道甲18岁时，丙的年龄恰好是乙的3倍。那么请算一算，当甲25岁时，丙多少岁呢？

## 054. 图片的浮沉

斯蒂芬做这道题的时候想了半个小时还是没有做出来，大家谁能帮帮他呢？仔细看下面这3幅图，哪一朵花是浮在背景上面的，哪一朵花是沉下去的？

## 055. 时间

星期天，Marry去逛街，买上衣花去她逛街时间的1/3，买裤子花去逛街时间的1/4，买包用去逛街时间的1/5，最后的130分钟里，她去了一趟超市。小朋友算一算，Marry逛街总共花了多长时间？

## 056. 错误的时间

米妮不会看钟表上面的时间，老师将钟表换成了电子表。现在她又遇上难题了：看看下面，哪些时间是错误的？

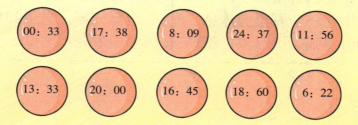

| 00：33 | 17：38 | 8：09 | 24：37 | 11：56 |
| 13：33 | 20：00 | 16：45 | 18：60 | 6：22 |

## 057. 称箱子

这里有8箱苹果，其中有一箱被拿走了3个，其他剩余的7箱重量都相等，请问在不使用砝码的情况下，用天平最少称几次可以将被拿出了3个苹果的箱子找出来？

## 058. 祖母的手镯

罗杰琳的祖母留给她一副手镯，这副手镯有5个，祖母告诉罗杰琳其中一个在她年轻时弄丢了，是她后来重新买的。看看这些手镯，你能分辨出哪个是罗杰琳的祖母后来买的吗？

## 059. 原来的数字

威廉拿出7个数码牌给汤姆看，这7个数码牌上的数字加起来，它们的平均数是66。现在威廉背转身，把其中一个数码牌上的数字改写成80，这7个数码牌上的数字的平均数就变成了73。他问汤姆，被改换的那个数码牌上的数字原来是多少？

## 060. 自助餐

毕业前，班长组织班上50名同学吃自助餐，已知每人每餐40元，拿学生证可以优惠为80%。可是，班长统计了一下，有13个人没有带学生证。那么，他们一共要交给服务员多少钱呢？

## 061. 谁的面包最多

　　斯瑞瓦和姐姐艾维利、哥哥斯德迈去春游，他们带了17块面包，哥哥斯德迈分到了8块面包，姐姐艾维利分到5块面包，斯瑞瓦分到4块面包。哥哥斯德迈怕弟弟不够吃，又把自己的两块面包分给了弟弟斯瑞瓦。斯瑞瓦吃掉3块面包之后，请问现在谁的面包最多？

## 062. 购入价钱

　　沃尔玛超市的一种生活用品按定价卖出可得利润14元，若按定价的七折出售，则亏4元。该生活用品的购入价是多少元？

## 063. 铅笔的单价

　　克兰菲尔和丹尼斯是好朋友，周末他们一起去买铅笔。克兰菲尔买的铅笔比丹尼斯买的铅笔贵2美分，他买了5根铅笔的价钱刚好跟丹尼斯买7根铅笔的价钱相等。你知道克兰菲尔、丹尼斯买的两种铅笔的单价各是多少钱吗？

## 064. 10 年有多少天

维凯林是个聪明的学生，一天他去拜访住在另一个城市的教授，他看到教授家的客厅里放着一张纸，纸上面出了这样的一道题目：1年有365天，10年有多少天？他思考很久都没想出来，教授看到他认真的样子，就给他讲解一遍，他立刻就明白了。小朋友，你知道答案吗？

## 065. 儿子今年几岁

儿子上学要填一个表格，其中有一项问到年龄，富兰克林对儿子说："现在，咱们俩的年龄加起来总共是55岁，5年前，我的年龄正好是你年龄的4倍，算一算今年你几岁？"你能帮忙算一下吗？

## 066. 水果和饮料

杰瑞家的冰箱里放着水果和饮料。水果的数量是饮料的3倍，后来水果被吃掉了10个，杰瑞的妈妈又买回来34瓶饮料，现在饮料的数量是水果数量的3倍。请问：原来水果和饮料各有多少？

## 067. 那天是星期几

爸爸说过几天家里就要来客人了，妈妈让杰斯夫去超市买大米，杰斯夫正在打游戏不想去，于是对妈妈说客人还没来不急着用，过几天再去买，妈妈说客人在明天的后一天就要来了。已知今天的两天前是星期五，那么客人将在星期几来？

## 068. 升旗仪式

星期一，学校举行升旗仪式，三年级有40个同学，他们一部分没有穿校服，一部分没有戴红领巾，穿校服的同学有29名，戴红领巾的同学有31名，既穿校服又戴红领巾的有23名同学。请问：既没穿校服又没戴红领巾的有多少名同学？

## 069. 猎到了什么

一个男孩和爸爸一起去森林打猎，回来后妈妈问他："你猎到了什么？"这个男孩说："猎了6只无头羊，9只无尾兔，8只半松鼠。"听了这话，妈妈被搞得云里雾中。聪明的你，知道这个男孩到底和爸爸猎到了什么东西吗？

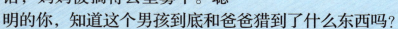

## 070. 洗衣机

洗衣店有30台洗衣机，即10台普通洗衣机和20台节能洗衣机。普通洗衣机1度电可以洗2.5小时的衣服，节能洗衣机1度电可以洗4小时的衣服。洗衣店一天上班8小时，30台洗衣机同时工作，请问：洗衣店这一天总共用了多少度电？

## 071. 分不清的运动员

有甲、乙、丙3个运动员，他们分别是排球队员、篮球队员、足球队员，他们的年龄分别是17岁、19岁、21岁。已知：甲比篮球队员大4岁；丙是足球队员。

依据上述条件，请推算这3个运动员各自从事什么体育项目，年龄分别是多少。我们一起来算算吧！

## 072. 桥墩之间的距离

夏洛特喜欢画画，一天他画了一座十分漂亮的石拱桥。夏洛特的叔叔切尔西看了他的画后，想出了一道题：一座桥长600米，中间有5个桥墩，平均相邻两个桥墩之间距离多少？夏洛特说这题太简单了，张口就答了上来。你知道答案是多少吗？

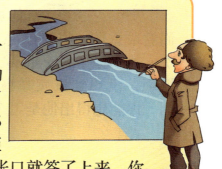

## 073. 渡河

　　3个妇女各带一个小孩渡河，但是渡河的船只能容纳2个人。因为每个小孩都特别依赖他们的妈妈，所以讨厌和另外任何一个妇女一起渡河，同时也不愿意和任何一个妇女单独在岸边站着。但是小孩子彼此之间还是很喜欢的，两个小孩可以一起渡河。那么该如何安排他们6个人顺利渡河呢？

## 074. 卷烟头

　　洛特曾经是一个非常有钱的商人，可是在一次出海时遭遇了海啸，他的所有财物和亲人都被海啸卷走了，只留下他一个人。自此以后他就变得疯疯癫癫，整日以乞讨为生。更糟糕的是他还染上了烟瘾。因为没有钱去买烟，于是他就在大街上到处捡烟头，然后把它们卷成香烟，以过烟瘾。他可以把3个烟头卷成1根香烟。一次，他积攒了10个烟头，可是他只有连续吸5根烟才可以过足烟瘾，没想到疯疯癫癫的洛特竟然用这10个烟头凑成了5根烟。你能想得出他是怎么做到的吗？

## 075. 拍照

圣诞节的时候，家里面来了好多的客人，刚刚学会拍照的哈鲁想为所有亲戚们拍照。可是他发现，一个胶卷可拍60张照片，如果给每个亲戚都拍4张照片的话，他就需要两个胶卷，因为一个胶卷拍完还有1个亲戚没有拍照。可是如果给每个亲戚拍3张照片的话，胶卷就反而会剩下，而且还可以多拍4个人的。你能猜到哈鲁家来了多少个亲戚吗？

## 076. 四人做假花

甲、乙、丙、丁四人共同开了一个假花店。他们做了一些假花，但是不知道具体谁做了多少。只知道甲、乙、丙三人平均每人做了37朵假花，乙、丙、丁三人平均每人做了39朵假花，丁做了41朵。那么，甲做了多少朵假花？

## 077. 银行卡密码

　　戴尔是安妮的朋友，一次戴尔急需用钱，交给安妮一张银行卡，让她帮忙到提款机取钱。银行卡的密码是6位数，安妮只知道前3位是以戴尔的生日设定的，戴尔的生日是3月29日，可是后3位数是什么，戴尔却没来得及告诉安妮。安妮要从卡里取出钱来，最多要尝试多少次才能输入正确密码呢？

## 078. 掉下来的砖头

　　皮特正在修补自己的房子，可却有一块砖向他的头上掉了下来，如果这块砖的重量是1千克再加上半块砖的重量，你知道它有多重吗？

## 079. 水池与铁球

　　水池边上有个大铁球，它可能会直接掉进水池里，也可能掉进水池中的玩具汽船里。这两种情况下，哪一种水池的水面会上升更高一些呢？

## 080. 不见的差额

3个朋友一同住进一家宾馆，需要交的住宿费用是3000元，于是3个朋友每人拿出1000元交给服务员。可是服务员去款台交账的时候，领班说因天气不好，近期内宾馆决定实施价格优惠，要服务员退还给3位顾客500元钱。得到这个指示，服务员私自扣下200元，只把300元钱平分给3位顾客。这样，每位顾客实际每人付了900元钱，共支付2700元，加上服务员私扣的200元，共计2900元，结果少了100元。那少的100元到哪儿去了呢？

## 081. 问号时钟

安迪分别在4个时间拍下了家里时钟的时间，这些钟上的指针排列是有一定规律的，你知道第4个时钟上的指针应该指的是几点吗？

## 082. 最重的小猪

7只小猪的体重是依次等量递增的（以整千克计算），它们的平均体重是8千克，你知道最重的小猪体重是多少吗？

## 083. 米勒大叔的鸭梨

米勒大叔种了好多鸭梨树，有一天他去城里走亲戚，就想把自家的特产给城里的亲戚多带些。于是他打包了40千克鸭梨，但途中必须经过一条小河，河上面只有一个离河面0.1米的独木桥，独木桥承受的重量只有60千克。而米勒大叔本人就有55千克重，他怎么样才能一次性过河呢？

## 084. 哪一根被压在最下面

懒惰的西蒙经常不愿意干活，一天大家都忙着在院子里面劈柴的时候，西蒙却躲在屋里睡着了。爸爸特别生气，想考考没劈过柴的西蒙。他把已经劈好的12根木棍杂乱地放在一起，如图所示，问西蒙能否看得出哪一根是被压在最下面的。这有些难度，你看出来了吗？

## 085. 四人取牌

现有方块1~9这9张纸牌，甲、乙、丙、丁4人取牌，每人分别取两张。现已知甲取的两张牌之和是10，乙取的两张牌之差是1，丙取的两张牌之积是24，丁取的两张牌之商是3。你能猜得出他们分别拿了哪两张纸牌吗？剩下的一张又是什么？

## 086. 区别真假币

一天，可爱的小詹姆问妈妈要钱去买变形金刚玩具，但是妈妈并没有马上答应他，而是给小詹姆提出了一个问题，如果他答对了，妈妈就答应他买玩具的要求。现有8堆硬币，每堆共有10枚，这8堆硬币中有一堆是假币，已知一枚假币的重量比一枚真币重1克。妈妈给了小詹姆一架台式盘秤来称硬币的重量，要他快速找出哪一堆是假币。小詹姆至少需要称几次才能确定哪堆是假币呢？

## 087. 彩票中奖

艾比在工作之余有一个爱好就是买彩票，而且经常会奢望着有一天可以中一次大奖，这样自己就不用那么辛苦地工作了。他们家附近有两个彩票购买点，一家是比较大型的，每天都有1000张彩票可以选择，他可以从中挑出100张，再从100张中买10张；另一家比较小型，每天售卖的彩票量总共有100张，他也是从中选择10张购买。艾比经常感到很矛盾，不知道在哪一家买中奖的概率会大一些。你可不可以帮他想一想，到底在哪家买彩票好一些呢，帮助艾比早日中大奖。

## 088. 打靶比赛

国际打靶比赛的最后一场比赛中，进入决赛的分别是法国人、英国人、美国人、日本人。如图所示，靶盘上的1、3、5、7、9表示打中该靶后每个区域的具体得分。4个人每人各打了5次，每次都打中了该靶。

法国人说："我只得了7分。"
英国人说："我总共得了52分。"
美国人说："我一共得了27分。"
日本人说："我才得了26分。"

你认为这4个人说的得分情况可能吗？如果可能，请说出他们每次具体的得分数；如果不可能，请说明原因。

## 089. 找帽子

智力游戏课堂上，老师拿出来12顶黑色的帽子，1顶白色的帽子。然后老师把这13顶帽子围成一圈，让大家必须按照一定的方向数帽子，每数到13，就拿走一顶帽子，如此类推，但是必须在最后拿走白色的帽子。如果要做到老师的要求，应该从哪一顶帽子开始数呢？

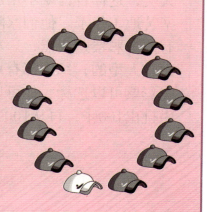

## 090. 奇特的比赛

在一次赛车比赛的决赛中，只有两名选手进入了最后的比赛。然而这次却新加了一个奇特的规定，那就是谁的车最后到达终点谁才可以赢得这场比赛，而且冠军有着丰厚的奖品。两名参赛者都希望获得这个奖品，可是他们一直以来都是比速度快，从来都没有比过速度慢，所以对于他们来说，不知道如何是好。你能为他们想一个两全其美的办法吗？

## 091. 龟兔排排站

乌龟和兔子来站排，每排只能站4只小动物，其中兔子和乌龟的数量不确定。你知道有多少种排法，可以使每只乌龟的旁边至少有一只兔子吗？

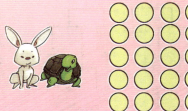

## 092. 做蛋糕

哈姆师傅一共有3组材料，分别从左面的材料中选择一种加以组合，就可以做出一种蛋糕。你知道这3组材料最多可以做出多少种不同样式的蛋糕吗？

哈佛学生喜欢玩的智趣游戏

## 093. 积木天平

罗伯特正在玩积木天平，你能根据他前面两次的测量结果，找出可以使第3个天平保持平衡的图形吗？

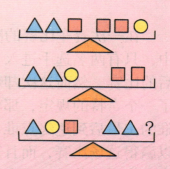

## 094. 风铃的重量

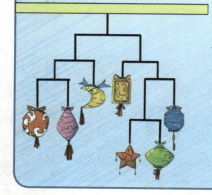

杰西卡买了一串风铃，总重量为128克，如左图。她突然很想知道风铃上每个小挂饰到底有多重，你能帮她算出来吗？

## 095. 女孩追帽子

两个小姐妹在麦田里面嬉戏打闹，一阵风把姐妹俩的花边帽子吹走了，当她们回过神来时，帽子已经飞出了400米，姐妹俩急忙去追帽子，这时正是上午10点钟。假设风速为每分钟100米，她们每分钟可以跑200米，当她们追回帽子的时候是什么时间？

34

# 玩转图形篇

## 001. 巧移火柴

阿布用16根火柴摆出来8个相同的小三角形。你能从中拿掉6根火柴，使这些小三角形只剩下4个，并有2个菱形吗？菱形不可以共用一条边哦！

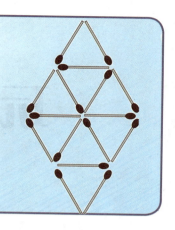

## 002. 涂色正方形

如图，把一个正方形平均分成8块，如果有2块涂色的，我们就称它为"1/4涂色正方形"；如果有4块涂色的，我们就称它为"1/2涂色正方形"。试一试，你能最多画出多少种不同的"1/4涂色正方形"和"1/2涂色正方形"呢？

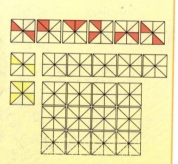

## 003. 错误的图形

右图中，标号1A～3C的图形分别是由标号1～3和标号A～C的图形叠加而成。但是，这些新组成的图形中有一个是错误的，你能把它找出来吗？

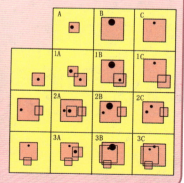

## 004. 火柴游戏

如右图，用12根火柴围成一个三角形，你能不能只移动2根火柴，就让火柴围的面积减少1/6呢？

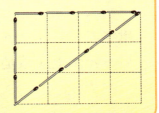

## 005. 颜色变变变

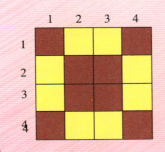

如图所示，有一个4×4的正方形分别被涂上了红色和黄色。每次可以任选一行或一列，将该行或该列所有的格子都变成红色或黄色。如果想把所有的红色格子都变成黄色，最少需要变几次呢？

## 006. 火柴谜题

安迪去酒吧喝酒，老板给他出了一道难题，只要他能答对就可以免单。酒店老板用4根火柴组成了一个头朝下的玻璃杯，并在旁边放了一枚硬币，需要移动两根火柴把硬币放进火柴玻璃杯内，你能做到吗？

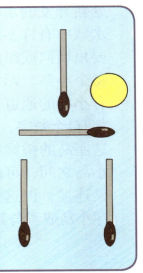

## 007. 围棋游戏

　　齐亚用围棋棋子分别摆出了下面几个图形，图形中的红棋子是按一定的规律摆放的。你能找出这个规律，并选出最后一幅图上应该是什么样的棋子吗？

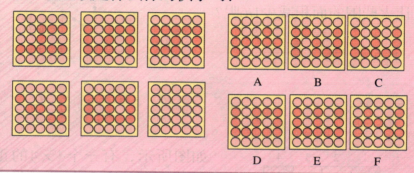

## 008. 连接小岛

　　设计师乔接受了一项艰巨的开发任务，他需要给一处新开发的水域搭桥。这片水域中有许多的小岛，他需要用横向或纵向的桥梁连接每个小岛，形成一条连接所有小岛的通道。每座小岛上都有1个数字，代表要连接到这座岛的桥梁数目，在两座小岛之间，可能会有两座桥梁连接，但这些桥梁不能横穿小岛或者与其他桥交叉，你知道该怎么做吗？

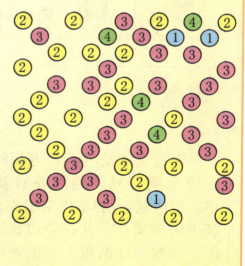

## 009. 划分农场

老约翰有一座大农场，他想把它分给7个工人管理，但是农场上的牲畜栏很不集中，杰特不知该怎么给工人们分工。你能帮帮老约翰，只画3条直线，就把这个农场分成7部分，使每部分包括的牲畜都是一样的吗？

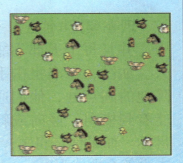

## 010. 火柴立方体

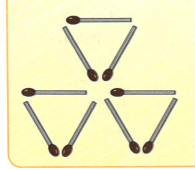

黛西用9根火柴摆出了3个三角形，如图。你能只移动3根火柴，将这个图案改成由3个菱形组成的1个立方体吗？

## 011. 巡逻兵

巡逻兵需要巡查阵地上所有的岗哨是否安全，你能帮他找出一条路线，在不走重复路的情况下，即可以走遍所有20个岗哨，最后又可以回到起始点吗？你可以找出几种走法呢？

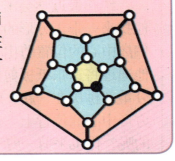

## 012. 阵地布防

现在要把8名狙击手布防到阵地中，并且每个人都不能看到其他的人。如图，每名狙击手可以埋伏在阵地的圆点处，他们通过狙击镜只能看到横向、竖向或斜向直线上的目标。如果你是将军，会让这8名狙击手怎么埋伏呢？

## 013. 数字拼图

左面的这些数字拼图，如果正确拼在一起，可以组成一个正方形，并且正方形上横向第一排的数字与纵向第一列的数字相同，依次类推。你知道这个数字拼图该怎样拼吗？

## 014. 约翰的图形魔法

约翰最近学会了一个新的图形魔术：他找来一张正方形的纸板，然后在纸板上偏离中心的位置剪出一个洞，如图所示。他通过将这张纸板剪成两半，再将这两部分重新拼接在一起，就能把这个洞移到正方形中心的位置上。你觉得他是怎么做到的呢？你也来剪一剪吧。

## 015. 星图游戏

克拉克和几个小伙伴正在玩星图游戏，他们在不同的纸板上画了不同数量的圆点代表星星。他们想用线把纸板上的星星连成一个闭合的，并且每两条边不在同一条直线上的多边形。克拉克已经和伙伴们动手了，现在还有许多星星没有连接上。你能在不同的纸板上，画出连接尽可能多的星星的多边形吗？

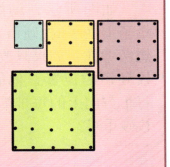

## 016. 棋子连线

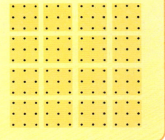

鲁比想把16枚棋子放入游戏棋盘中，但必须保证水平、竖直和斜向上均有2枚棋子能连成直线，你觉得这些棋子应该怎么放呢？

## 017. 钉板分分看

每块小钉板上都有9颗钉子，你能以它们为顶点，把小钉板分成面积相等的4块吗？试试看，你最多能找出多少种分法呢？（图像的旋转和镜像不算新的分法。）

## 018. 硬币谜题

如图所示，汤姆在桌子上摆了8枚硬币，他想考考你，如果只改变1枚硬币的位置，你能使每个方向上的每排都有5枚硬币吗？

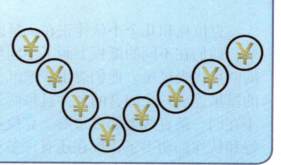

## 019. 蔬菜分分看

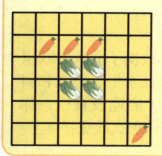

如图所示，一个表格中既有胡萝卜又有大白菜，你能不能沿着表格的线把它分成4个部分，每个部分必须包含1个胡萝卜和1颗大白菜？另外，每部分的形状和大小必须相同，胡萝卜和大白菜的位置可以不同。

## 020. 正方形拼图

由一个边长为1个单位的正方形开始，按照一定的规律增长变化，得出了下面这一系列11个图形。问题是，你能用这11个图形拼成的最小的正方形有多大？

## 021. 积木立方体

韦博准备了如图所示的9块积木，他想用它们拼出一个3×3的立方体，你觉得他能做到吗？应该怎么做呢？

## 022. 穿过田地

乔治要从A点到B点去，路上需要穿过一片田地，田地间有纵横交错的小路，你知道有多少种不同的路线可以到达B点吗？

## 023. 最大正方形

如图所示，有一个边长为1的等边三角形，现在想在三角形中画一个最大的内接正方形，有几种画法呢？这个内接正方形的面积是多少呢？

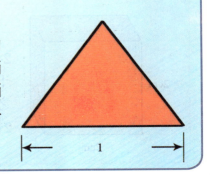

## 024. 线段的长度

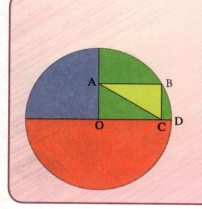

如左图所示，O是圆的中心，AO与OD垂直，AB与OD平行。已知线段OC长5厘米，线段CD长1厘米，那么你能算出AC的长度是多少吗？

## 025. 卫星测量

科学家用人造卫星对一块土地进行测量，卫星绘出了这块地的轮廓图。这块土地基本上呈正方形，边长为100米。科学家们将每一条边的中点作为标记，把整块土地分成了9块大小、形状各不相同的土地。你能算出中间空白部分正方形的面积是多少吗？

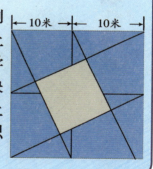

## 026. 切割立方体

左面这块立方体水泥的表面积是24平方厘米，现在技师想把它切成若干小块，要求切割后的形体的表面积之和等于原来这个立方体的表面积的2倍。到底应该怎么切呢？

## 027. 重拼巧克力

爱丽丝得到了一块特别大的巧克力，巧克力由20块边长为2厘米的正方形小块组成。她想把它分成9块，使9块重新组合之后可以拼成4个大小相同的完整正方形，你知道爱丽丝该怎么分吗？

## 028. 涂色游戏

美术课上，老师请同学们给一块画板涂色。如图所示，圆形画板被分成4部分。要求用红、橙、黄、绿4种涂料给这四部分涂色，而且每一部分都必须涂色，任意相邻的部分都不可以用同一种颜色。那么大家说说有多少种不同的涂色方法呢？

## 029. 彩色格子

乔和表哥看到如左图这样一个彩色的格子。请你仔细看看，图中斜着的绿色条纹与黑色格子中的颜色一样吗？

## 030. 找不同

仔细观察左面的这几幅图片，其中有一幅与其他的不同。试试看，你能找到吗？

## 031. 水果组合

课堂上，老师给了大家这样一组图片：苹果、香蕉、菠萝和草莓相组合，仔细观察这几个组合，找找看哪一幅与众不同？

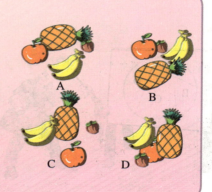

## 032. 生活小常识

结合实际生活中的所见所闻，想想你从侧面看鱼缸里的金鱼和从鱼缸上面看到的金鱼大小一致吗？从鱼缸上面向下看，所看到的金鱼和金鱼在鱼缸里的实际位置是一样的吗？

## 033. 看大小

课堂上，老师给大家出了一道辨别图片的题，谁回答正确谁就可以免去一次义务劳动。路易看了半天没回答上来，他同桌也是一脸迷惑。仔细观察右面这幅图片，你能看出哪个花盆最大吗？

## 034. 不一样的图标

ᑎ ᕽ ˄ + ᗞ
☀ ⹂ ⸜ ☀

爸爸在纸上画了一些奇怪的图标，他让杰姆辨认一下，这些图标中哪一个与众不同。杰姆思索了好长时间，才找到正确答案。你能很快地找出不同的那一个吗？（提示：不是考虑对称关系。）

## 035. 填字母

费恩和莉莉在讨论一道题，讨论了很久都没有结果，你能帮帮他们吗?仔细观察右图中字母排列的规律，考虑空缺处应该填什么字母？

| B | P | R |   |
|---|---|---|---|
| D | N | T |   |
| B | L | V | B |
| H | J | X | Z |

## 036. 图形拼接

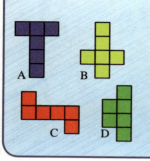

在学校组织的知识竞赛上，有这样一道题：仔细观察左面这几幅图片，想一想哪个拼不出正方体？当其他同学在冥思苦想时，戴安娜看到题目后马上就知道了答案。小朋友，你也来试一试吧。

## 037. 火柴游戏

莱迪拿着12根火柴棒去请教老师这样的一道题：将这12根火柴棒排成6行，每行要3根火柴棒，应该怎么排列呢？你知道吗？

## 038. 猜角数

吃完午饭，赛温尔建议大家玩猜数字游戏。赛温尔最先出题，他说："有一张正方形的蓝色纸片，用剪刀将正方形两个角剪去，还有几个角？"唐基斯说还有2个角。小朋友，你觉得他说的对吗？为什么？

## 039. 保持平衡

三角形的重量是菱形重量的1/3，矩形的重量又是菱形的2倍。如果天平的左边放3个矩形，那么右边放几个三角形才能使天平平衡呢？

## 040. 独一无二

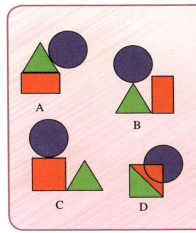

特德去邻居家借水桶时看到好几个小朋友围在一起看图形，他很好奇，于是也挤了过去。他看到几个图形的组合，这道题要求找出与其他不同的一个，特德一眼就看出来了。小朋友，你知道是哪个吗？

## 041. 剪纸游戏

帕沙特在午休前还在吵闹，妈妈拿出一个上部被切掉一块的纸筒问他："你知道纸筒剪开之后是什么样的吗？"帕沙特被难住了。你也来仔细观察右面的几个选项，看看会是哪个呢？

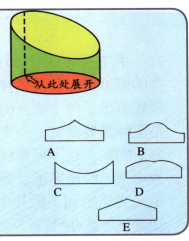

## 042. 变化的菱形

二年级的练习册上有这么一道题：认真观察右面这几个图形的变化规律，画出空缺的图形。路易斯试了好几遍还是没有画出来。小朋友，你知道那个空缺的图形应该怎么画吗？

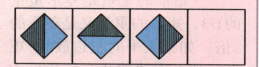

## 043. 找图形

几何课上，莱克汉姆老师拿出了右面这些图形。这都是些很普通的几何图形，它们有一个共同的特征，但有一个图形是与众不同的。老师请大家找出那特殊的一个，很多人都说出了正确答案，你可以吗？

## 044. 漂亮的墙纸

手工课上，老师让大家用漂亮的剪纸剪出各种各样的图案，小珊妮剪出了两个漂亮的六角星。可是老师需要珊妮交一个六角星和长方形图案，这下可难住了珊妮，因为墙纸已经用完了。珊妮看着六角星，突然想到了把其中一个六角星变成长方形的好主意！你知道该怎么办吗？

## 045. 裁缝的手艺

一个聪明的裁缝，会剪裁各式各样的衣服样式。今天有个邻居拿过来一块布料，要他帮忙剪裁，这块布料形状很奇

怪，裁缝现在需要把它剪裁成5块大小相同的布料。我们来看看这块布料的样子，一起帮裁缝想想办法吧！

## 046. 趣味火柴

吉姆和露西在一起玩火柴游戏。

①吉姆用火柴摆出了一个等式。131+31－11=111。露西发现这个等式不成立，吉姆移动了其中一根火柴，使得等式成立了。你知道吉姆怎么做到的吗？

②等式成立后，聪明的吉姆发现，不管是移动其中的1根或3根火柴，这个等式都可以成立，他让露西试着移动火柴做出其他答案。聪明的小朋友，你也来试试吧！

## 047. 剪裁正方形

很多小朋友喜欢剪纸花。可是剪纸不仅需要手巧，还需要聪明的头脑。比如说，图中这两张纸，如果我们还想再利用，把它们两个变成一个方形，聪明的你知道怎么做吗？

## 048. 巧用布料

　　埃米的妈妈打算做一个正方形椅垫，可是家里只有一块多边形布料，她决定将这块布料剪裁成正方形，然后再用它做椅垫。如果这块布料只允许剪裁两刀，要怎么样做才可以正确剪裁并拼凑出正方形呢？

## 049. 三角形

　　亨利叔叔新开了一家商店，他想招聘一位聪明机灵的店员来帮忙打理商店。前来应聘的人很多，亨利叔叔决定出一道题考考这些人，他画了一张有很多三角形的图形，要求这些应聘者数数里面共有多少个三角形，谁先回答对谁就是优胜者。如果你是应聘者，你找到答案了吗？

## 050. 不同的图案

　　每一张图案都有自己的特点，一组图片的特点最为明显。看看右面这两组图片，你能发现什么规律吗？找出这两组图中各自与众不同的那一个。

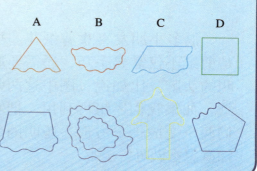

## 051. 筷子的游戏

珍妮和安娜都想要最后一块糖果。为了公平起见，哥哥为它们出了一道简单的题目，谁要是答对了糖果就归谁。哥哥拿出8根筷子，要求用这8根筷子拼出2个正方形和4个三角形。最后谁能拼出来跟我们已经没有关系了，我猜你一定很想知道答案吧！先不要急，自己动手试试吧！

## 052. 奇怪的数学课

这天，数学老师上课没有带书，却拿了一盒火柴。老师用火柴摆出一

个等式，但是同学们发现这个等式并不成立。老师说，现在只许移动一根火柴，要使它变成正确的等式，应该怎么做呢？聪明的小朋友，你做到了吗？

## 053. 挑选拼图

马克带着自己的拼图和威廉一起玩，后来他发现自己的拼图和威廉的混在一起了。他只记得自己的4块拼图可以拼成一个正方形。要怎样从右面的几块拼图中找出属于马克的拼图呢？你来帮帮他吧，速度越快越好！

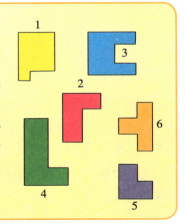

## 054. 巧变方形

一家杂货店新开业，为了吸引顾客，店主推出了一个有奖益智游戏。他在一块木板上钉了9颗钉子，要求用毛线连接每个钉子，使得连接而成的图形包含最多的正方形。谁能答对，将免费得到一款商品。你知道怎么做吗？

## 055. 哪个是圆心

戴维拿出一张图片让伙伴们看。这张图片上有很多线条，中间有8个圆点，有一个就是这个圆的圆心。可是因为线条的干扰，很难分清楚圆心是哪一个，小伙伴们都在仔细观察着，我们一起去看看吧！

## 056. 变出正方形

大家都看过魔法师的表演吧！现在我们也来做一回魔法师。右图是10个圆点，如果让你用直线将这些点连接起来，你最多可连出多少正方形呢？正方形的顶点必须在现有的圆点上，快来试试吧！

**057. 寻找另类**

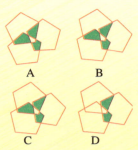

A　　B

C　　D

　　仔细观察左面这4张图片，它们看起来都很相似，但是其中有一张与其他的不一样，到底是哪一张图片呢？认真对比一下，你就能找到了。

**058. 手工拼图**

　　手工课上，老师发给每一位小朋友1个五角星和4个正五边形，这些图形被不同颜色分成了10部分。下面根据不同的颜色将这些图形剪成10部分，如果重新组合这10部分图形，让它们拼成两个大的相同的正五边形，你知道怎么拼吗？

**059. 拼出正方形**

　　山姆有一个漂亮的彩色拼图，这个拼图是由10块不规则的图形组成的正方形。现在山姆将这些小拼图拆分出来放在桌子上，他要考考我们是否能将这些拼图再拼回完整的正方形。那么，聪明的小朋友，你能做到吗？

### 060. 玩拼图

6个五边形连在一起，组成了一朵可爱的小花。看看下面这几个选项，哪两项组在一起，可以合成这个图案呢？快点找一找，看你的速度够不够快！

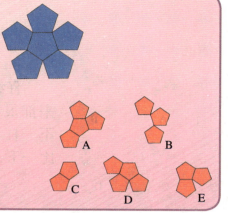

### 061. 奇怪的地板

本杰明的爸爸打算为儿子布置一间书房，可是他却买了一些奇怪的地板来铺地面。看看这些地板的形状，你觉得它们能刚好拼接起来铺在地面上吗？

### 062. 三角形的变化

看看右面的3个三角形，怎样在这些三角形图的基础上再加上两笔，使图中共有10个三角形呢？

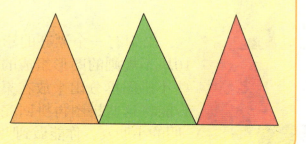

## 063. 用火柴拼三角形

丽萨的老师给了她9根火柴，让她用这些火柴拼三角形。丽萨很快就拼出了4个三角形，可是，她想再多拼出一些才好。小朋友，你知道丽萨是如何拼出4个三角形的，你还能再拼出一个吗？

## 064. 摆多边形

数学课上，老师给每个人发了12根火柴，并让他们先用一部分火柴摆出一个多边形，然后把剩下的火柴用在多边形里面摆三角形。要求摆出的三角形个数之和刚好与这个多边形的边数相等。请问这个多边形是几边形？

## 065. 棋子摆摆看

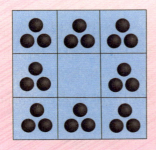

小史密斯很喜欢下棋，他自己在纸上画了些方格子，并摆上棋子（如图所示）。之后，他又在方格中加上一枚棋子，重新排列，居然使四条边的各自棋子总数仍是9枚。你知道他是怎么做的吗？

## 066. 出了洞的墙壁

一场大雨过后，布鲁太太家后院的墙壁竟然出现了好大一个洞，眼看就要倒塌了，她只好请工人来把墙修好。看看左面这堵残破的墙，工人需要用多少块砖才能把它完全修补好呢？

## 067. 艾玛的十字

艾玛用28根火柴拼成了一个由9个小正方形组成的十字图形。现在她让哥哥查理和麦迪拿走其中的几根火柴，使原来的9个正方形变为4个，但原十字形状不能改变。两个哥哥似乎被这个问题难住了，他们不知道要拿走哪几根火柴才好。你来看看右图，帮他们想一想吧，希望你能办得到。

## 068. 剩下两个

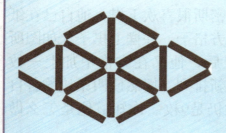

苏珊从一个用16根小木棍摆好的菱形中拿走6根木棍，把这个图变成大小相等的两个三角形了。你知道她拿走的是哪6根小木棍吗？

## 069. 积木变换

亨利将一个L形的积木按照一定规律摆放（如图所示），你能猜出他的下一个图形是什么吗？

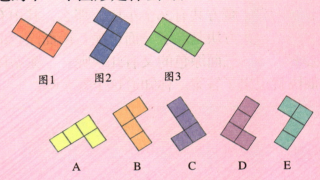

图1　　图2　　图3

A　　　B　　　C　　　D　　　E

## 070. 拆分图形

右图是一个立方体和几个展开图，请问哪个选项中的展开图形可以组成上面的封闭图形？你能看出来吗？

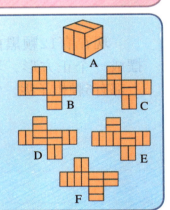

## 071. 数木块

迈德喜欢玩积木游戏。一天他找来一些大小相同的木块，堆放在一起，形成右图的形状。数数看，这里共有多少块木块？如果迈德把这个图形完整地拼好，那么他还需要多少大小相同的木块呢？

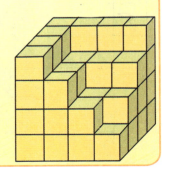

## 072. 数魔方的颜色

　　珍妮和朱蒂一起玩魔方，珍妮说："朱蒂，你闭上眼睛，我们要玩一个游戏。已知魔方共有26个小块，那么，其中有几个小立方块是涂了一面色呢？两面涂色的有几块？三面涂色的又有几块呢？"朱蒂闭上眼睛，想了想很快就说出了答案。你知道这个答案吗？

## 073. 用棋子摆正方形

　　现在有12颗黑白棋子，用这些棋子摆成一个正方形，看看能不能让每条边上都有5颗棋子呢。快试试吧！

## 074. 数图形

　　仔细观察左图，你能在一分钟之内找出这幅图中有多少个三角形吗？

## 075. 变换正方形

安伯用8根相同的木条做成了一个由14个正方形组成的窗子，但是由于其他原因，窗户上掉了两根木条，只剩下3个正方形了，你知道掉的是哪两根木条吗？

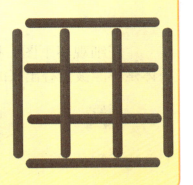

## 076. Z图的演变

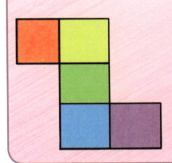

乔治在伙伴们面前表演神奇的"Z"字图形，他把这个"Z"字切成了3块，并用这3块图形拼成了一个正方形。小朋友，你知道乔治是怎么切割和拼接的吗？

## 077. 摆图形

数学课上，老师用24根火柴围成了9个正方形，如右图所示。他要求同学们移走其中的几根火柴，使它变成如图所示的3个正方形。小朋友，你说应该移走哪几根火柴呢？

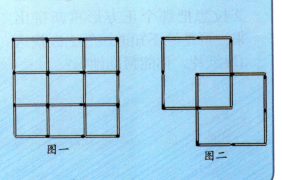

图一　　　　图二

## 078. 折正方体

仔细观察下图，把下面的折叠纸折一折，看哪一个正方体是不能被折叠出来的？

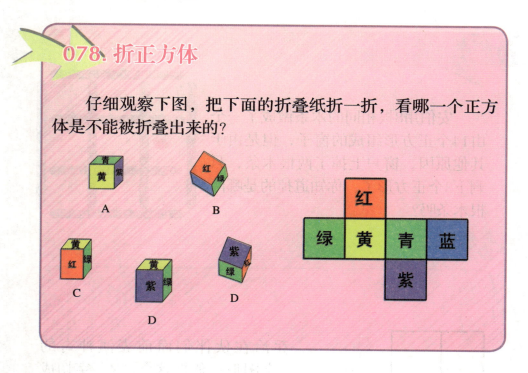

## 079. 拼图形

艾拉把一个正方形图纸给剪成了3块，戴维又不小心把一些碎纸片跟它们混在了一起。现在艾拉想把那个正方形重新拼出来，可是她不知道该怎么去找这3块纸片，你能帮助她吗？

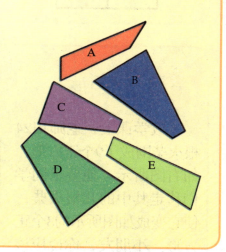

## 080. 剪梯形

琼斯喜欢玩剪纸，一天，她拿着一个梯形模样的纸张，将它剪成形状大小一样的4个小梯形。你知道她是怎么剪的吗？

## 081. 拼木板

仔细观察右图，木匠戴斯把一块木板锯成了5小块。现在，你能利用这5块小木板把它们拼成一个正方形吗？

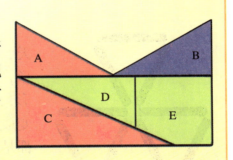

## 082. 三角变正方

有5个一模一样的三角形，现要求把其中的一个三角形剪一刀，分成两部分，再把它们和其他三角形拼成一个完整的正方形。你可以吗？

## 083. 特别三角形

弗瑞德正在做一道数学题，如图所示。这个图形中一共有多少个三角形呢？弗瑞德数了一遍又一遍，结果还是不对。你来试试吧。

## 084. 用木棍摆图形

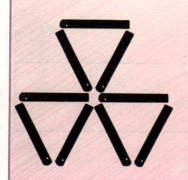

彼得和皮特都喜欢动脑筋。一天，彼得拿着木棍和皮特一起摆图形，彼得用9根木棍摆成了3个三角形，他问皮特如果要把这3个三角形变成正方体，并且正方体的面看起来都是菱形，该怎么做？皮特笑着说，只要移动其中的3根木棍就能做到。你知道皮特的移法是怎样的吗？

## 085. 眼力测验

观察右面的这个图形，你能从中数出多少个三角形呢？

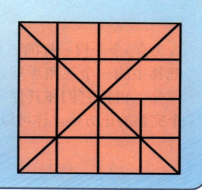

## 086. 小船变梯形

艾莉用吸管摆成了一个小船，妹妹艾伦在此基础上，要求姐姐给她摆出3个梯形，并且只移动4根吸管。你试试看，能做到吗？

## 087. 拼图游戏

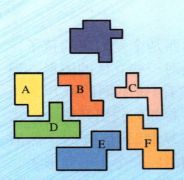

波利给高斯出了一道难题，他让高斯在5分钟之内用左面几个图形中的两个拼出例图。高斯很厉害，不但拼出了例图，还找到了3种方法。你知道他是怎么拼的吗？

## 088. 火柴图案

凯特用火柴摆出右面的图形，她手中还有8根火柴，她想要摆在这个图形的内部，把图形分成相同的4部分，而且形状与外面的大图形一致。你知道她会怎么做吗？

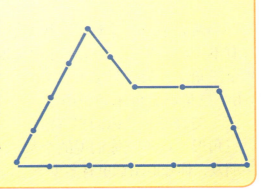

## 089. 剪图形

康妮喜欢玩剪纸。一天，她又剪了很多的图形，你能从这些图形中找出与其他图形不同的那一幅吗？

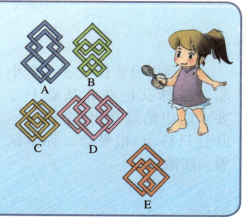

## 090. 组图

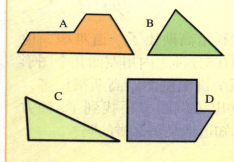

达西是个爱幻想的孩子，尤其是对一些立体的图形。现在他拿着4张不同的纸片，正在思考着如何找出其中一张，再用它复制2张一样的，然后将它们组成一个正三角形呢。你也试试吧！

## 091. 小白兔的三角形

两只小白兔捡到了一枚图章，图章上有不少三角形。其中一只小白兔说里面有5个三角形，另一只很不以为然，说里面有8个三角形。兔子爸爸听了两个兔宝宝的话，笑着说："你们都答错了，这上面的三角形远远不止你们说的个数。"那么小朋友，你知道图章里有多少个三角形吗？

## 092. 月牙

　　劳伦斯的妈妈正在做烧饼。小劳伦斯看着天上的月牙，然后告诉妈妈，他想要一个月牙形的烧饼。妈妈做好烧饼之后，让劳伦斯过来分一下，因为家里有6个人，劳伦斯需要将烧饼分成6部分。如果妈妈只允许他切两刀的话，他该怎么切呢？

## 093. 巧接拼图

　　有一块形状不规则的拼图，它由8块不同颜色的小拼图组成。你能根据这些小拼图的形状拼凑出完整的图形吗？如果你需要动手试一试的话，将这些彩色小拼图复制然后剪切下来。快去动手吧！

## 094. 彩色的拼图

　　珊妮有一个心形的彩色拼图，她用这个彩色拼图中的小块拼凑成了其他两个图形（如下图黑影所示）。你知道她是怎么拼的吗？如果你很容易就知道了答案，试着再拼出其他你喜欢的图形吧。

## 095. 缺的是哪一块图

老师在黑板上出了下面的这道题：方格中的图形是按规律排放的，现在被裁去了一部分，那么被裁掉的是什么图形呢？莉莉看了半天也没有答出来，你知道怎么做吗？

A

B

C

D

## 096. 找图形

艾达在做一道数学题，题目是这样的：下面有5个图案，请从A、B、C、D、E5个选项中找出哪个是第六个图案。艾达做了很久也没有做出来，你能帮她这个忙吗？

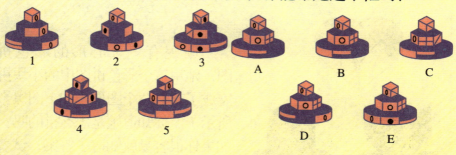

# 数字游戏篇

# 哈佛学生喜欢玩的智趣游戏

## 001. 骰子游戏

把3粒骰子并排放在一起，我们可以看到7个面的点数，那么你能算出其他11面的点数和是多少吗？

## 002. 填数字

分别将数字1～9按一定的方式填入左面的表格中，使得每一行、每一列以及每条对角线上的和都分别相等，应该怎么填呢？

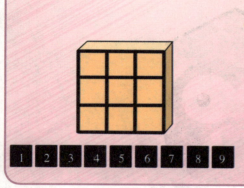

1 2 3 4 5 6 7 8 9

## 003. 数字游戏盘

你能将右面游戏盘上的数字格划分成8组，每组由3个格子组成，并且格子中的数字和相等吗？

| 7 | 6 | 5 | 6 | 4 |
|---|---|---|---|---|
| 2 | 1 | 6 | 9 | 1 |
| 9 | 8 | 5 | 5 | 4 |
| 5 | 1 | 3 | 5 | 8 |
| 4 | 2 | 9 | 7 | 3 |

70

## 004. 巧填表格

把数字1~4、1~9、1~16、1~25分别填在4个表格中，使每个格中的数字都大于它右侧与正下方相邻的数字，应该怎么填呢？

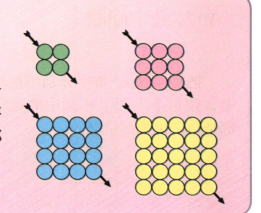

## 005. 摆放数字积木

将写有1~36个数字的积木摆放到盒子中，使每行、每列以及对角线上的6个积木的数字和都等于111，你能办到吗？

|    |    | 31 |    | 10 |
|----|----|----|----|----|
| 36 | 21 |    | 11 |    |
|    | 23 | 17 |    | 31 |
| 8  | 26 |    | 16 |    |
|    | 20 | 14 |    | 32 |
| 27 | 34 |    | 2  |    |

## 006. 水果代表的数字

认真看下面的表格，如果苹果代表的数字是3，你能计算出其他水果代表的数字是多少吗？

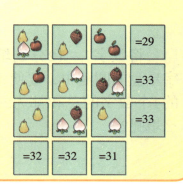

## 007. 数字圆圈

把1～6这6个数字分别填在小圆中，使每个大圆上小圆中的数字和都是14，快来试试吧。

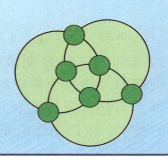

## 008. 富兰克林的八阶魔方

本杰明·富兰克林的八阶魔方诞生于1750年，其中包含了1～64所有数字，并以每行、每列的和为260的方式排列。看右面的数字表格，你能填出其中缺失的数字吗？

| 52 | 61 | 4 | 13 | 20 | 29 | 36 | 45 |
|----|----|---|----|----|----|----|----|
|    | 3  |   | 51 |    | 35 |    | 19 |
| 53 | 60 | 5 | 12 | 21 | 28 | 37 | 44 |
|    | 6  |   | 54 |    | 38 |    | 22 |
| 55 | 58 | 7 | 10 | 23 | 26 | 39 | 42 |
|    | 8  |   | 56 |    | 40 |    | 24 |
| 50 | 63 | 2 | 15 | 18 | 31 | 34 | 47 |
|    | 1  |   | 49 |    | 33 |    | 17 |

## 009. 数字星盘

将数字1～12分别填入右面数字星盘的圆圈中，要使每条直线上的4个数字的总和都为26，应该怎么填呢？

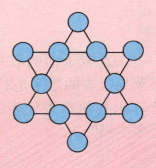

## 010. 数字谜题

仔细分析右表中数字的规律，你知道问号的位置应该填上什么数字吗？

| 8 | | | |
|---|---|---|---|
| 7 | 8 | | |
| 4 | 7 | 8 | |
| ? | 12 | 19 | 27 |

## 011. 数独游戏

| 5 | | 7 | 2 | 6 | 3 | | | |
|---|---|---|---|---|---|---|---|---|
| | 7 | 9 | | | | | | |
| 3 | 1 | | | 5 | 2 | | | |
| | | | | | | | 2 | 5 |
| 2 | | 4 | 8 | | | 1 | | |
| 6 | | | 1 | 7 | | 4 | | 9 |
| 4 | | | | 8 | | | 7 | |
| 6 | 9 | 2 | | | | | 3 | 1 |
| 8 | | 5 | 9 | 3 | | | 1 | |

数独是流行于日本的一种数字游戏。它的规则很简单：将1～9中任意一个数字填入表格的空格中，使每行、每列和每个3×3的格子中都包含1～9的所有数字。快来试试吧。

## 012. 圆桌骑士

8个圆桌骑士围坐在桌边，如果每个人每次不能有2个相同的邻桌，可以有很多种坐法。8个骑士分别用数字1～8代替，你知道他们都应该怎样坐吗？看你能画出多少种。

## 013. 问号是几

右面的图框是按照一定的规律排列的，上面的数字代表一定的含义，你能看出问号部分的数字应该是几吗？

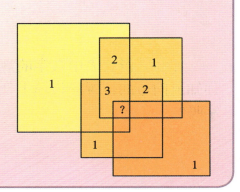

## 014. 问号数字

如图，下面有4个三角形，它们上面的数字是有一定规律可循的。你能找出这个规律，并写出问号部分应该填入的数字吗？

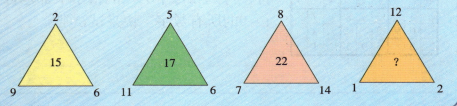

## 015. 间谍密码

特工007得到了一张密码图，已知每个特工都会用1~9中的任意两个数字跟总部联系，你能算出问号处的两个密码是多少吗？

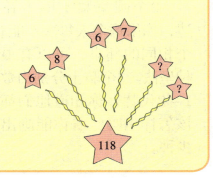

## 016. 表格分分看

| 8 | 10 | 4 | 6 | 7 | 8 |
|---|---|---|---|---|---|
| 12 | 9 | 4 | 5 | 6 | 12 |
| 9 | 9 | 2 | 4 | 11 | 6 |
| 3 | 7 | 8 | 11 | 8 | 6 |
| 7 | 12 | 6 | 5 | 6 | 4 |
| 5 | 4 | 9 | 13 | 9 | 5 |

将左面这个表格分成4个形状相同的部分，并保证每部分中的数字之和是64，你能做到吗？

## 017. 算式游戏盘

在游戏盘上填入正确的数字，使游戏盘上下、左右方向的算式都成立。

| | × | | = | 21 |
|---|---|---|---|---|
| × | | + | | + |
| | | 10 | | |
| = | | = | | = |
| 12 | + | | = | |

## 018. 不连续的数字

将数字1～8填入左面游戏板上的圆圈内，要求游戏板上任意一处相邻的数字都不是连续的，你能做到吗？

## 019. 数字之环

薇薇安在纸上画了12个小圆，这些小圆又组成两个圆环，并用直线连了起来，如图所示。现在有1～12个数字，薇薇安想把这12个数字填到这12个小圆圈中，让每条线段上的四个数的和相等，两个同心圆上的数的和也相等。她能做到吗？你也来帮她想想吧。

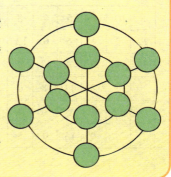

## 020. 星盘平衡

这里有一个数字星盘，如果想让星盘平衡，必须将数字1～14填入正确的圆圈中，使每条直线上的数字和相等，你能完成这个艰巨的任务吗？

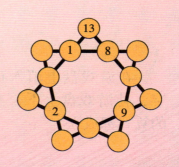

## 021. 星星谜题

右面星星的每个角上都有一个数字，它们经过一定的计算得出了星星中间的数字。你知道该如何计算吗？试着在问号处填上正确的数字吧。

## 022. 数字的运算

小瑞德最喜欢玩数字游戏，现在他又被那些数字难住了。原来，爸爸在纸上写下3串数字，让他把"+、-、×、÷、="这5个运算符号放到数字中间，使每一串数字成为一个符合四则运算规则的算术等式，数字的排列顺序不可变。小瑞德还在冥思苦想，你知道怎么做吗？

(1) 2 7 6 3 8 1 9 0 4 5

(2) 2 9 0 1 4 5 6 3 7 8

(3) 6 7 2 0 5 4 1 9 3 8

## 023. 数学房子

一位酷爱数学的农夫在自己家的房门、窗户和屋顶上各写了不同的数字，这些数字之间存在一定的运算关系。但是现在，第二座房子屋顶上的数字被雨淋湿，看不清了，你能根据第一座房子上的数字，算出第二座房子屋顶上缺失的数字吗？

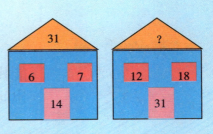

## 024. 还原算式

哈瑞不小心打翻了墨水瓶，把刚计算好的算式弄脏了。在这个算式中0～9每个数字各使用了一次，你能重新还原出这个加法算式吗？

## 025. 算式迷宫

从右上方的数字9出发，试着穿过下面的迷宫，并得出一个算式，使算式最后的得数仍然是9。途中不可以连续经过2个数字或运算符号，也不可以走重复的路哦。

## 026. 数字魔方

这是数字魔方一个面的截图，你能找出上面所写数字的规律，然后指出问号处缺少的数字是什么吗？

## 027. 数字转盘

数字转盘上写满了数字，可有两处数字却丢失了，你觉得问号部分应该用什么数字修补呢？

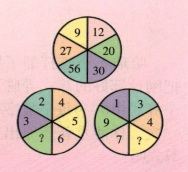

## 028. 会移动的数字

这个数字魔方上的数字会按一定的规律移动。图A是它1小时前的样子，图B是它现在的样子。找到这个魔方上数字的移动规律，然后把图B上的数字补充完整。

| 14 | 7 | 26 |
|----|----|----|
| 4 |   | 6 |
| 15 | 13 | 11 |

A

| | 6 | | 4 |
|----|----|----|
|    |    |    |
| 11 | | | 15 |

B

## 029. 水果数字

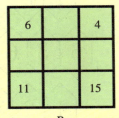

玩一玩左面这个水果数字游戏吧。水果格子中的每种水果代表了1个数字，你能算出问号部分应该填入的数字是多少吗?

|  |  |  |  | 数 |
|----|----|----|----|----|
| 32 | 36 | 46 | 19 | |
| 🍎 | 🍓 | 🍐 | 🍑 | 34 |
| 🍓 | 🍓 | 🍑 | 🍑 | 37 |
| 🍎 | 🍎 | 🍐 | 🍑 | ? |
| 🍎 | 🍎 | 🍐 | 🍎 | 33 |

## 030. 数字彩带

这里有7条数字彩带，每条上都按顺序写了数字1~7，如图所示排列。现在，需要将其中的6条彩带分别剪一下，然后重新排列成7行7列，要求每行、每列的数字之和都相等，你能做到吗?

| 1 | 2 | 3 | 4 | 5 | 6 | 7 |
|---|---|---|---|---|---|---|
| 1 | 2 | 3 | 4 | 5 | 6 | 7 |
| 1 | 2 | 3 | 4 | 5 | 6 | 7 |
| 1 | 2 | 3 | 4 | 5 | 6 | 7 |
| 1 | 2 | 3 | 4 | 5 | 6 | 7 |
| 1 | 2 | 3 | 4 | 5 | 6 | 7 |
| 1 | 2 | 3 | 4 | 5 | 6 | 7 |

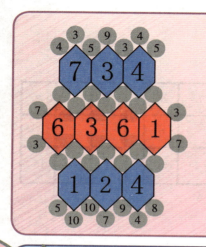

## 031. 六边形数字

如图，有一个六边形数字游戏盘，每个六边形底部3个数之和减去六边形顶部的3个数之和，就等于六边形中间的数字，你能把整个游戏盘填完整吗？

## 032. 数字幻方

这是著名的数字幻方游戏：在黑板上有个正方形，将数字9到16分别放在正方形的周围，使各边上的3个数字相加的结果都是36。现在，需要将其中的8个数字重新排列，使各边上3个数字的和等于37，应该怎么做呢？

## 033. 扑克三角

卡拉用9张扑克牌在桌上摆出了一个三角形，她让哥哥比鲁把这几张牌重新排列，使组成三角形的3个边上的4张扑克相加的结果都等于23，你知道比鲁该如何摆放吗？

## 034. 发现宝藏

考古学家在沙漠中发现了一处宝藏，他们从宝藏中带出了编号为1~6的6个宝箱。经过初步计算，前4个宝箱里分别有300枚、150枚、100枚、75枚金币。当数完后面两个宝箱里的金币时，他们发现这6个箱子中的金币数目形成一个特殊的递减关系。你能根据这个情况计算出剩下的两个宝箱中分别有多少枚金币吗？

## 035. 九宫格内的数字游戏

老师给同学们画了一个九宫格，要求大家把1到9这九个数字填入九宫格内，她说："每一横行的3个数字呢，必须组成一个三位数。而且，第二行的三位数要是第一行的两倍，第三行的三位数要是第一行的三倍。谁能告诉我该怎么填呢？"小梅森想了半天也没想出来，请你来帮帮他吧。

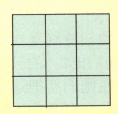

## 036. 符号游戏

梵妮老师给同学们出了这么一道符号题，你也一起来算算吧。

如果，

14☆4=2，
5☆13=5，
16☆8=0。

那么，

(26☆9) ☆4=？

## 037. 切割数字模块

有一天，鲁西老师给同学们玩数字游戏。他在黑板上画了大大的圆，就像蛋糕一样把这个圆切开，并标了一些数字，大家来看看问号处的数字是多少？请说出它们的规律。

## 038. 乱码

劳拉和莎拉是姐妹，她们特别喜欢玩数字排序游戏。有一次，她们把1-8的数字如右图所示排好顺序，现在她们要把这些数字重新排列，使它们完全没有顺序，要求任何数字无论上下左右，对角线等方向都不可以有连续关系。她们排出来了，你会吗？

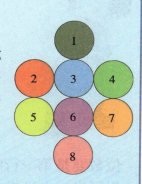

## 039. 三角框内的数字

有这样一些三角框，每个角上都有数字，但是有一个框里的数字掉了一个。你算算看，这个掉了的数字是几？

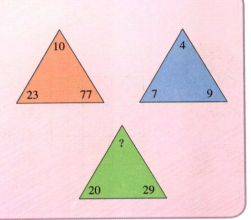

## 040. 数字的游戏

在如左图所示的圆圈中，填入1至8这8个数字，如果让它们无论是中间的大圆、还是对角线或者周边的四个小圆圈的数，相加都等于18。你可以做到吗？

## 041. 问号处是几

有一天，史密斯老师在黑板上画了如下图所示的几个图形，要求同学们总结规律，并将最后一个数字填好。

## 042. 九宫格上的数字

| 8 | 5 | 29 |
| --- | --- | --- |
| 12 | 6 | ? |
| 11 | 32 | 65 |

杜斯发现妈妈洗碗用的抹布上有个有趣的九宫格，上面写了一些数字，可是有一个数字处劈裂了，看不清是什么数字。杜斯很想知道，于是他拿来小本算，可是他怎么都算不出来，请你来帮帮他吧。

## 043. 求和

老师给大家出了一道题：一个两位数除以一个一位数，余数是8，商数大于除数。请问，被除数、除数、商以及余数之和是多少呢？

## 044. 链形图

为提高同学们动脑的能力，老师给大家出了这样一道题：看看这些数字之间有什么规律？然后算一算，右面这个链形图中缺少什么数字？小朋友，试一下吧！

84

## 045. 去掉谁合适

自习课上，小伍德请教了老师这样一道题：仔细考虑一下，下面的这些数字去掉哪一个数字才能使这组数列成立？因为他想了半天都没想出来，所以想请老师帮忙。小朋友，要突破这道题，一定要找出其中的规律。

2、3、5、7、8、11、15、23

## 046. 与众不同

仔细观察下面两组数字，每一组都有一个与众不同。试着找找看，你会找到其中的规律的。

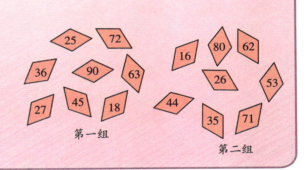

第一组

第二组

## 047. 哪个不同

认真观察右面的等式，这5个等式中有一个共同的逻辑。试试看，哪一个与其他的不同？

| | | |
|---|---|---|
| 1134 | = | 9 |
| 2304 | = | 9 |
| 7150 | = | 3 |
| 4502 | = | 1 |
| 3134 | = | 8 |

## 048. 数字链

在学期末的数学考试中，托特泰尔因为这道题而没有得全年级的第一名，他很难过。你来试试看能不能完成呢？分析右面这两组数字中的思维逻辑，并利用你所得到的逻辑确定空缺处的数字。

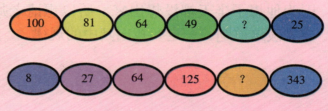

## 049. 三角塔数字

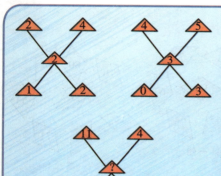

课间活动时，汤姆给杰克看了这样一道题：每个三角塔上都有一个数字，观察这些数字的规律，问号处应该是什么数字呢？杰克想了一会儿，很快就答上来了。你知道是什么数字吗？

## 050. 数形组合

晚上睡觉前，哥哥给弟弟讲完了童话故事，弟弟还不想睡觉，要求哥哥再给他出一道稍微难一点的题目。小朋友们一起来看一下：在右面正方形中的空缺处填上合适的数字，试试看，你能确定问号处的这个数字吗？

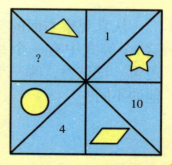

## 051. 对应数字

汉克拿到下面这样四组数字，你知道问号处应该各填什么吗？

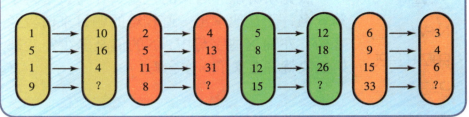

## 052. 缺少什么

布鲁托做作业时遇到这样一道题，他思考了很久都没解答出来。试着找出右图两个圆中的数字规律，看能不能帮助布鲁托填出两空缺处的数字。

## 053. 别样的气球

放暑假了，格鲁斯摩准备跟同学去旅游，但是老师留的作业还没有完成，于是她拿着下面这道题找同学帮忙解答：观察右面气球里面的这些数字，试试看你能不能猜出带问号的气球里面应该填写的数字。

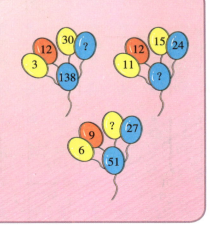

## 054. 字母游戏

W+P=X
Z+X=N
N+W=G
P+Z+G=20
P=3

杰克斯听说邻居家的兰塞姆在考试中得了第一名，于是他拿出一道较难的题目来请教兰塞姆：左面这些字母中，N的值是多少？兰塞姆很快就答上来了，你会吗？

## 055. 正方形与数字

班级里正在举行知识抢答赛，哈尼在老师刚刚宣读过题目之后就按下抢答按钮，可是却答错了这道题。看看右图，你知道问号处应该各填什么吗？

## 056. 数的规律

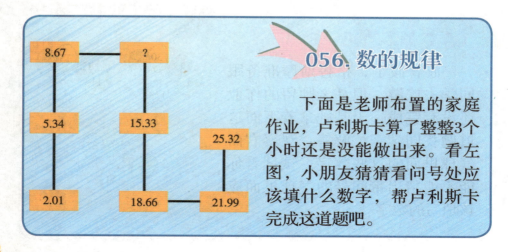

下面是老师布置的家庭作业，卢利斯卡算了整整3个小时还是没能做出来。看左图，小朋友猜猜看问号处应该填什么数字，帮卢利斯卡完成这道题吧。

## 057. 不同的车牌号码

星期天，蒂尔的妈妈带她出去玩，经过一个停车场时，她发现了停在一排的5辆车中，有一辆车车牌号码与其他的不同。你来找找看，右面哪个车牌跟其他不一样呢？

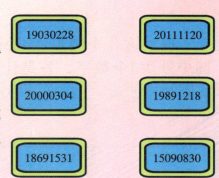

| | |
|---|---|
| 19030228 | 20111120 |
| 20000304 | 19891218 |
| 18691531 | 15090830 |

## 058. 水果与数字

奥若娜想找些水果玩一玩，这天，趁爸爸妈妈上班，她偷偷地把冰箱里的水果都拿了出来。她在这些水果的标签上都写了一个数字，但有一个数字与其他不同。找找看，是哪一个呢？

11　13　22　42　15　16　57　82　19

## 059. 非常五角星

亚麦蒂家有3个特别调皮的孩子，他们每天都会找一些古怪的问题去刁难对方。这天最小的孩子拿着3个写着数字的五角星给哥哥和姐姐看，要他们说出问号处应该填上什么数字。亚麦蒂的哥哥、姐姐都被难住了，你会吗？

## 060. 数字圆盘

观察这几个圆形，4个圆中缺少3个数字，各是什么呢？

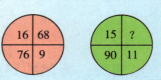

## 061. 猜数字

认真观察这几个数字，猜猜看接下来的数字是什么？

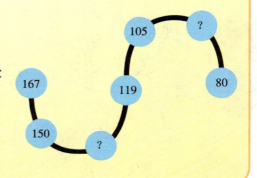

## 062. 和相等

霍华德房间有3个密码柜子，他着急打开柜子却把密码忘了，妈妈说密码按照这个规律可以计算出来：三角形的3条边上的数字之和相等。小朋友，你能帮帮霍华德吗？

## 063. 特殊三角

有3个三角形，如图摆放，三角形的各个角上都有一个数字，它们的和相等。已知，这个和是一个小于20的两位数，请推算出问号处的数字各是什么？

## 064. 补充表格

看看下面这两个方格，问号处应该填什么呢？

| 23 | 12 | 5 | 30 |
|----|----|----|----|
| 24 | 9 | 7 | 26 |
| 33 | 18 | 12 | 39 |
| 39 | 39 | 39 | ? |

| 12 | 30 | 30 | 30 |
|----|----|----|----|
| 25 | 7 | 45 | 130 |
| 34 | 5 | 20 | 150 |
| ? | 7 | | 57 |

## 065. 三角与数字

威廉姆给女儿看了这么一组图形，让她试试填出问号处的数字，女儿在纸上计算了一会儿，就写出了答案。同学们，你知道他的女儿是怎么计算的吗？答案是什么？

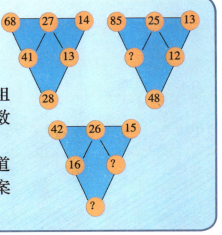

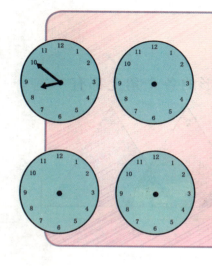

## 066. 时间

　　霍德思家里有4个钟表，第一个钟表的时间比第二个钟表的时间快15分钟，第三个钟表的时间比第四个钟表的时间慢40分钟，第四个钟表的时间比第一个钟表的时间慢12小时。现在第一个钟表的时间是早上8点50，请问其他3个钟表的时间分别是多少？

## 067. 三角形上的数字

　　老师对切尔特说右面这些图形上面的数字是按照一定的规律排列的。但是这个规律很容易就会发现。你也试一试，看能不能正确补充出问号处的数字。

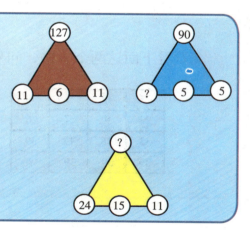

## 068. 泡泡上的数字

　　认真观察左面两组数字，看看它们之间有什么规律，然后根据你所得到的规律，补充括号里面的数字。

## 069. 数字规律

凯尔瑞德跟蒂利住在一起，他们经常讨论一些古怪的问题。现在蒂利在纸上写了许多四位数的数字，可别小看它们，这些数字让凯尔瑞德思考了半天呢。你知道在括号里填上什么数字最合适呢？

第一组

| 3145 | 5449 | 9627 |
|------|------|------|
| 8557 | 4359 | 6( )3 |

第一组

| 5428 | 3299 | 4( )9 |
|------|------|------|
| 4307 | 5377 | 6447 |

## 070. 圆盘中的数字

发挥聪明才智，一起来找数字吧！

右图这个圆盘中缺失的数字是什么？

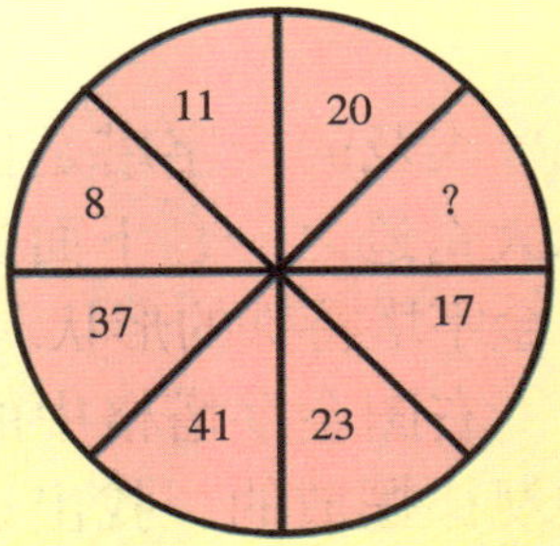

圆盘中的数字：11、20、8、?、37、17、41、23

## 071. 补充表格

仔细观察左面表格，然后说出表格中的问号处该填什么数字？

| 3 | 4 | 5 | ? |
|---|---|---|---|
| 7 | 9 | 7 | 70 |
| 4 | 8 | 9 | 41 |
| 2 | 5 | 15 | 15 |

## 072. 数字完形

请根据第一个图形中的数字，算出A、B、C 3个选项中问号处的数字。

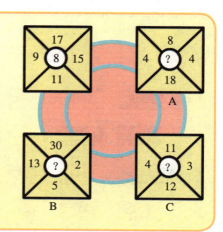

## 073. 金字塔上的问号

埃及的金字塔是世界上著名的八大奇迹之一，下面这道题便借用了金字塔特殊的形状。

右图金字塔格中的数字是按某种规律摆放的，找出这个规律，然后推出哪一个数字可替换问号。

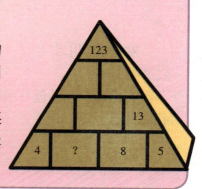

## 074. 特殊的数

右图的圆中有8个不同的数字，仔细观察一下，然后找一找哪一个是特殊的？

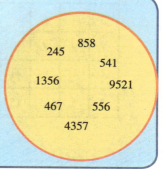

## 075. 创意算式

琳达老师在黑板上写下4个"5"，她的题目是：通过用加减乘除和括号，使这4个"5"组成的算式得数分别是1，2，3，4，5。大家又都开始思考了，你也来想一想吧。

## 076. 数字之谜

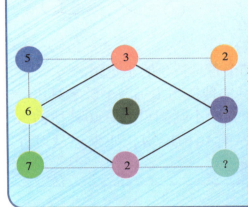

这本来是一个完整的图形，卡尔不小心将水滴了上去，他用抹布擦干净以后，下面问号处的数字就不见了。这可是数学老师刚刚给他的试卷，弄错了卡尔肯定会挨骂，你能帮他找回来吗？

## 077. 缺失的数字

卡尼教授最近做了一项关于人类基因的实验，而且命令弟子严密记录实

| 2 | 3 | 6 | 7 |
|---|---|---|---|
| 5 | 4 | 20 | 40 |
| 8 | 1 | 9 | 17 |
| 7 | 4 | 6 | ? |

验中所显示的数据。为了对实验结果进一步总结分析，他让弟子把数据填写在一个表格里，以方便拿回办公室和同事们一起研究。可是他的弟子在记录数据的时候不小心遗失了一个数字，你能帮卡尼找回那个被遗失的数字吗？

## 078. 花形公园

迈尔顿思市要修建一个市内规模最大的公园，设计师们经过精心的设计终于初步确定了公园的大体形状，它是由线和圆圈组成的1个外围是五瓣花，里面是一个五角星的花形公园（如右图所示）。园林设计师们为这个花形公园确定了一个种植花草的方案，就是在图中所示的15个圆圈的位置分别种植不同的植物，建设成15个各具特色的小花园。

15个圆圈中分别会种植1~15种植物（每一个数字只用一次，数量不等），每个大圆的5个小圆圈里共有40种植物，同时五角星的5个顶点中也共有40种植物。如果你是设计师，你会怎么种植这些植物呢？

## 079. 正确密码

有一个很特别的密码锁，是由1~6的6个不同的按钮组成的，如果按错一个密码，锁就打不开了。现在知道，密码中的1在2的左边，2在3右边的第三个位置，3在4的右边，4紧靠5，5和1之间隔着一个按钮。你知道这个密码锁的密码是多少吗？

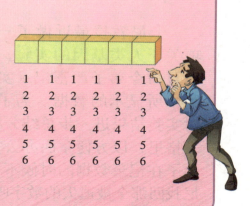

## 080. 城堡的密码

骑士要去解救被巫婆绑架的公主，他来到巫婆的城堡外面，看到门上有木棒组成的数学符号，他只要解开这个密码就可以进入城堡。有人告诉骑士只要移动其中一个木棒，使得这个等式成立就可以破解密码了。如果你是骑士，你打算怎么做呢？

## 081. 放数字

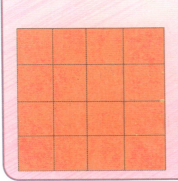

将1~16这16个数字按照一定的规律放入左面的格子里面，要求：

①各行各列的数字之和等于34。

②两条对角线之和是34。

## 082. 求 Q 的值

右图中有4个不同的等式，根据这几个等式，你们能否算出Q的值呢？快来试试吧。

已知：B的值是8。

$$B + C = P$$
$$P + T = Z$$
$$Z + B = Q$$
$$C + T + Q = 30$$
$$Q = ?$$

## 083. 遗失的数字

看看右面这个圆盘，圆盘中每个格内都有一个数字，这些数字的摆放是有规律的。找出这个规律，然后说说遗失的数字是什么？

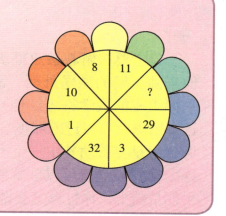

## 084. 两边和相等

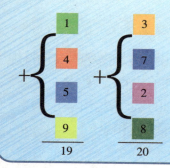

左面有8个方格子，把1、2、3、4、5、7、8、9这8个数字按图中所示的那样放置，求得两边的和，一边是19，一边是20。现在只可以移动2个数字，就让它们两边的和相等。你可以做得到吗？

## 085. 找出密室的密码

梅西是卡尔德市最大的富翁，为了珍藏他的毕生所得，他在家里面建了一个密室。可是他又是一个健忘的人，为了让自己不忘记密码，他把密码的玄机设在了密室的墙上。右面图形里面缺失的数字即是密室的密码，你能够找出密码是什么吗？

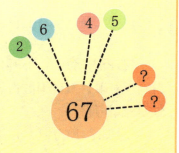

## 086. 填数字

右面有9个图形，图形中的数字具备一定规律，现在缺少了一个数字，你能帮忙把那个丢失了的数字填上去吗？

## 087. 求图形的值

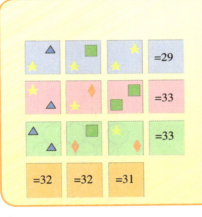

观察左图中不同的符号和数值，已知三角形的值是6，你可以求出其他符号的值吗？

## 088. 问号处的数字

右面三角形的3个角上面分别有不同的数字，中间的数字和3个角上的数字是有一定规律的，你知道问号处缺失的数字是什么吗？先找出规律，然后填上去，聪明的你一定可以做到的。

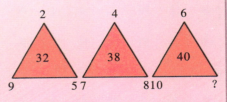

# 哈佛学生喜欢玩的智趣游戏

## 089. 数字游戏

数学课堂上，老师告诉大家，有些数字可以上下颠倒写，而且得出的还是一样的数字。他让大家回答有哪些数字，有人说是0，有人说是1，有人说是8，老师点头夸赞大家。小朋友，除了这些数字，你还知道哪些数字具有这个有趣的特点呢？

## 090. 积木金字塔

这个积木金字塔是由许多块同样的圆形积木搭成的，它最下面的一排有20块积木。你能用最简单的方法算出搭这个金字塔一共用了多少块积木吗？

## 091. 数字蛋糕

这里有一块非常大的数字蛋糕，上面布满了数字糖果。你能只切3刀就把这个大蛋糕分成5块，并且保证每块蛋糕上的数字和都等于60吗？

## 092. 数字密码

为了防止宝物被盗，博物馆使用了一种最先进的电子锁，这种电子锁的密码一共有5位，前2位由字母组成，后3位由数字组成。如果按照下面的条件，密码的设定共有多少种可能性呢？

1. 可以使用所有的字母和数字。

2. 密码的字母和数字不能重复。

3. 密码的打头字母必须是N，其他位的字母和数字不能重复。

## 093. 数字金字塔

数字金字塔上每一格的数字都是下面两格中的数字之和，你能把金字塔上的数字填完整吗？

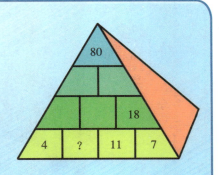

## 094. 改正错误等式

费欧娜在做一道数学题的时候，不小心将题目中的一个数学符号抄错了，最后写成如下的式子，请你帮他改正一下吧。

1+2+3+4+5+6+7+8+9=35

## 095. 金字塔数字之谜

有这样一个金字塔，上面写满数字，可是金字塔最上面的数字和下面的一个数字被风化腐蚀，模糊不清了，人们想要把看不清的数字重新填补起来，请你帮他们算一算这两个数字是多少吧。

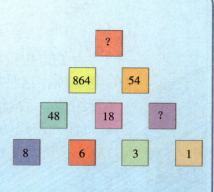

## 096. 数字之星

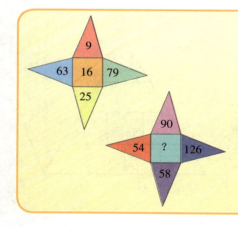

同学们，让我们来一起看看左面这两个数字之星，请你根据上一个所示的规律，填充下一个问号处的数字。

## 097. 数字龙

下面有一条数字龙，由长长的一串数字组成，请你在3秒之内计算出这条数字龙的答案。数字龙是这样写的：

$$(73-1) \times (73-2) \times (73-3) \times (73-4) \times (73-5) \cdots\cdots (73-97) \times (73-98) = ?$$

# 哈佛经典篇

## 001. 赛跑

　　大个子甲和小个子乙在一条圆形跑道上进行赛跑，他们在同一地点出发，背向而行，谁先跑完跑道全程谁就是赢者。已知，跑道的直径是100米。起跑开始，大个子甲根本没把小个子乙放在眼里，等小个子乙跑了全程的1/8，大个子甲才开始前行，但他并不是快跑，而是一边散步，一边欣赏路边的风景。后来，他在途中遇到了迎面而来的小个子乙。二人相遇之时，大个子甲刚好走完全程的1/6。请问，如果大个子甲想要赢这场比赛，他必须把速度提高到以前速度的多少倍呢？

## 002. 夺命逃生

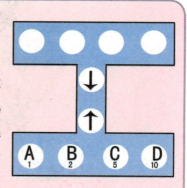

　　4名特工在地下工厂安装了炸药，这些炸药会在17分钟后爆炸。4名特工只能通过特定的地道逃生，地道里很黑并且装有机关，只能打开手电筒才能避开机关。但是，他们只有1把手电筒，地道内一次最多可容两人通过，所以通过后必须由一人把手电筒带回给其他人。4名特工的跑步速度也不同，A只需1分钟就可穿过地道、B需要2分钟、C需要5分钟、D则需要10分钟。如果两人一起进入地道，穿越地道的时间必须以较慢的那位来计算。他们能成功逃生吗？应该怎么做呢？

## 003. 伦敦塔守卫（1）

这是一道非常著名的"伦敦塔"问题。图中的A、B、C、D、E分别代表伦敦塔的5名守卫。每当日落时，A、B、C、D会分别从A、B、C、D各出口走出来，鸣枪示意，而E会从起始点走到F点，进行巡逻。问题是这5名守卫该如何走，才能让他们走过的路线没有交叉呢？

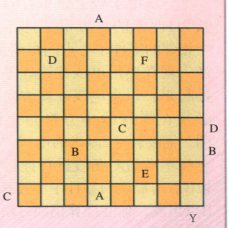

## 004. 伦敦塔守卫（2）

让我们继续上面的伦敦塔问题。每当午夜时，都会有1名军官X从图中的Y入口进入塔内，他会走遍塔内所有的房间，最后走到图中的红色格子处。由于有长期的经验，这名军官知道该如何尽可能少拐弯而走完所有房间，并且不走重复路，你知道他会怎么走吗？

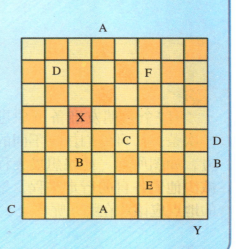

## 005. 接电线

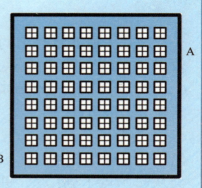

一块电子板上分布着64块边长为1厘米的正方形零件，每两个相邻的零件中心点的距离是3厘米。现在要用电线把这些零件连接起来，每当电线改变方向时，必须在零件的小方格角上绕一圈，需要耗费2厘米的电线，而且电线不准沿对角线进行连接。假设B点与最近的零件中心连接时需要耗用2厘米电线，现在从B点出发，你能计算出通过所有零件中心点，最后连接到A点的电线的最短连接长度吗？

## 006. 午后茶会

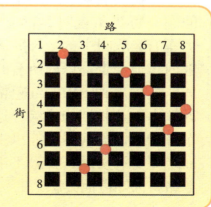

有7个好朋友准备下午进行一次茶会，可他们住在不同的地方，如图所示。如果想最大程度减少他们各自的行走路程，聚会的地点应该选在哪儿呢？

## 007. 3 个人的酒会

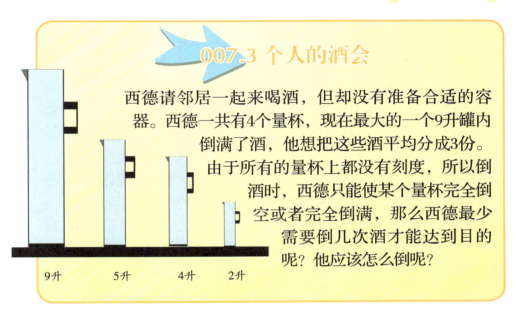

9升　　5升　　4升　　2升

西德请邻居一起来喝酒，但却没有准备合适的容器。西德一共有4个量杯，现在最大的一个9升罐内倒满了酒，他想把这些酒平均分成3份。由于所有的量杯上都没有刻度，所以倒酒时，西德只能使某个量杯完全倒空或者完全倒满，那么西德最少需要倒几次酒才能达到目的呢？他应该怎么倒呢？

## 008. 射击比赛

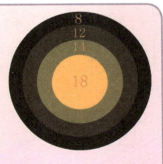

尼克正在进行射击比赛，他向靶上打了10枪，可有1枪打偏了没有上靶，如果尼克10枪的总成绩是100环，那么他其他各枪分别打中了靶上的哪一环呢？

## 009. 牛和草

罗恩家有一片草地，草地每天生长的速度一样快。这块草地可供12头牛吃24天，供16头牛吃8天。如果现在有25头牛，能供它们吃多久呢？

## 010. 卖玫瑰

情人节那天，两个卖花的姑娘总共带了100支玫瑰去大街上售卖，她们将各自的玫瑰全部卖出后收入相同。于是，第一个姑娘对第二个说："假如我带你那么多玫瑰花，我可以得到15美元。"第二个姑娘对第一个说："假如我带了你的那些玫瑰花，我只能卖20/3美元。"想想看，这两位姑娘各带了多少支玫瑰花？

## 011. 晚会门票

王厂长买了一些晚会门票发给员工，请员工和他们的家人一起去看晚会。如果发给一车间的员工每人5张，那么还缺6张。如果发给二车间的员工每人4张，那么还余4张。已知，一车间的员工数比二车间的少2个。那么请问，这些门票共有多少张？

## 012. 围巾的价钱

佳佳和红红各带了一些钱去买围巾，两人都看上了一条漂亮的围巾，可是钱不够。佳佳缺15.5元，红红缺2元，但两个人的钱合起来，仍然不够买这条围巾。那么，谁来告诉我，买这条围巾要花多少钱？

## 013. 分蜂蜜

蜂农的大容器里有24公斤蜂蜜，要平均分成3份卖给3个人。可是，他现在只有5公斤、11公斤和13公斤的容器，并且每样只有一个。那么，怎样用这3样容器，把这些蜂蜜平均分给3个人呢？请你帮蜂农想一想办法吧。

## 014. 投靶的射手

某训练营，将射手最近4次的投靶成绩都记录下来，结果发现成绩一次比一次好。其中，第一次得80标以上的比例是70%，第二次是75%，第三次是85%，第四次是90%。那么，请你说出在4次投靶记录中都得了80标以上的射手的百分数至少是多少？

## 015. 大米的重量

有4个人去粮油店买大米。粮油店老板先盛了一些大米到袋里，4个人议论开了。其中一个说："我觉得这大米有26公斤吧。"第二个人不同意他的看法，说："我看着也就是17公斤。"这时，第三个人不同意了，摸着下巴说："我看它重21公斤啊。"第四个人争着说："不是，不是，你们都错了，这就是20公斤。"

最后四人问粮油店老板，这袋米到底多少公斤，结果证明四人都错了。其中一个人猜的重量与大米的实际重量相差2公斤，另外有两个人所说的重量与大米的实际重量之差是一样的。对了，这里所说的差值是绝对值。那么，请算一算这袋大米的重量是多少。

## 016. 小蚂蚁淘水

一群小蚂蚁乘坐一只水瓢过河，但水瓢有缝隙，河过到一半，小蚂蚁们发现水瓢进了很多水。水匀速进入瓢内，如果10只蚂蚁淘水，3小时能把水淘完；如果5只蚂蚁淘水，8小时才能淘完。如果2小时就把水淘完，那需要多少只蚂蚁一起淘水呢？

## 017. 橙汁和冰糖水

艾米有两瓶饮料，想要掺在一起。已知A瓶中装有半瓶橙汁，B瓶中装有一瓶冰糖水。艾米第一次把B瓶中的水倒满A瓶。第二次又将A瓶中的橙汁和冰糖水倒满B瓶，第三次又将B瓶的冰糖水和橙汁倒满A瓶，最后又将A瓶的橙汁和冰糖水倒满B瓶。请问，此时，B瓶中有橙汁和冰糖水各多少？

## 018. 贝拉和卡片

圣诞节到了，贝拉准备把一些糖果送给她的4个好朋友，而且她要将它们包装起来，并放入一张卡片，为每一位朋友写上祝福的话。4份卡片都已写好，这些卡片上也标注姓名。而且4份糖果包装盒上面也写好了接收礼物人的名字。但她因为疏忽，把几张卡片放错了包装盒。不过，每份糖果包装盒里面她都只装了一张卡片。而且只有3种可能：①正好有3张卡片放对了。②正好有两张卡片放对了。③只有一张卡片放错了。那么，请问，贝拉放对了几张卡片？

## 019. 老板的礼物

节日，饭店老板为了回馈新老顾客，凡是前几位来饭店吃饭的顾客，都会根据这桌吃饭人数的多少送礼物，有几个人就送几份礼物。而且大人小孩不一样，大人一份，小孩半份，直到送完为止。有人问老板送出去多少礼物，老板说："第一桌顾客，我送出的礼物是总数的一半少半份，第二桌顾客，我送给他们剩下的一半少半份，第三桌顾客，我送给他们剩余的一半多半份，最后就只有两份礼物了，恰好送给了来光顾的一对夫妻。"那么，请你算一算饭店老板总共送出去多少份礼物？

## 020. 时针和分针

爸爸教卡尔学认钟表，卡尔学得差不多了，就对钟表产生了兴趣。他发现钟表上的时针和分针每隔一段时间就会重复一次，卡尔想，从早上6点到下午6点，钟表的时针和分针共重合了12次。请问，卡尔的猜想对吗？如果不对，那应该是多少次？为什么？

## 021. 牧羊人

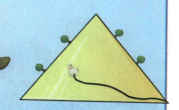

有一个牧羊人特别贪睡，整天都想睡觉。一天，他把羊拉到了一个等边三角形的草地上，又开始打瞌睡了。可是这只羊一天内必须吃到整个草地的一半的草才可以吃饱，要不然羊就不会跟着他回家。这可难倒了牧羊人，他到底要把绳子拴多长，才能够让羊吃到草地上一半的草呢？

## 022. 打牛奶

有一个人去奶牛场打牛奶，本来他准备打3公斤和5公斤的牛奶各一瓶，所以他事先只带了可装3公斤和5公斤的瓶子各一个，瓶子上没有刻度。可到了奶牛场后，他却只想买4公斤的牛奶回去。奶牛场没有合适的称量容器，这个人要怎样刚好买4公斤的鲜牛奶回去呢？

## 023. 各跑了几圈

有A、B、C 3个人在环形跑道上赛跑。这条环形跑道是1200米的长度。A的速度是每分钟300米，B的速度是每分钟360米，C的速度是每分钟200米。问，当他们三人第一次相遇时，各自跑了几圈？

## 024. 肇事中的数学

有两辆车从一条大桥上面经过，它们相距1500米，第一辆车以65千米/时的速度行进，第二辆车以80千米/时的速度追赶。因为车速太快，它们相撞了，请你算出两车相撞前一分钟的距离是多少？

## 025. 猪和羊赛跑

村里又举行运动会了，这次猪和羊作为一个团体参加百米比赛，要一起到达终点才行。但是羊跑到终点时，猪只跑到了90米的地方。为了同

时到达终点，他们商量后决定让羊退后10米起跑。请你猜一猜，这种办法可以让羊和猪同时到达终点吗？

## 026. 小兔子搬白菜

小兔子种了很多大白菜，秋天到了，它们很开心，因为收获了很多白菜。但是白菜太大，需要两个兔子一起抬，而且园子离房子有300米的距离。现在有3个兔子轮流抬，算一算，每抬一次大白菜，每个小兔子要平均各走多少米？

## 027. 等分款项

迪姆和保罗共同投资经营一家公司，迪姆投入的资金是保罗的1.5倍。由于资金短缺，他们决定引进卡尔的资金。卡尔拿出了25000美元资金。而这笔款项，由迪姆和保罗两人来分配，要使得三人的股份是等额的。那么，请问，迪姆和保罗该怎么分配这笔款？

## 028. 小朋友吃李子

幼儿园的小朋友们非常喜欢吃李子。有一天，玛丽老师买了一堆李子分给大家吃，可是买回来之后老师发现如果每个小朋友分6个，还余5个李子；如果每个小朋友分7个，则少8个。那么，你知道有多少小朋友和多少李子吗？

## 029. 打扫卫生的日期

有7个人负责打扫社区，但是每人去的次数都不一样。有一个因为是负责人，所以每天都要去。第二个人由于某些原因每隔1天去一次，第三个人每隔2天去一次，第四个人每隔3天去一次。就这样，直到第七个人每隔6天去一次。请问，这7个人什么时候会同时出现在打扫卫生的地方？

## 030. 算算价钱

麦森去书店买书，他买了一本杂志和一本书，但是在结账的时候，他把书的定价中的个位上的数字和十位上的数字看反了，准备给收银员21美元，但是收银员告诉他："您应该付款39美元。"请你算算杂志的价格比书便宜多少呢？

## 031. 两地距离

某城市进行城市建设规划，决定在甲、乙两地之间树立电线杆，架上高压电线。设计人员计算了一下，如果两杆间隔为30米的话，那么比间隔40米会多用30根电线杆。那么，甲、乙两地距离是多少米呢？

## 032. 追逐问题

卡达和索拉两人开车的速度之比是7:5，他们两人分别从甲、乙两地同时出发，如果相向而行，0.5小时之后相遇。那么，如果他们同向而行，你知道卡达追上索拉需要几小时吗？

## 033. 要放多少盆栽

美化城市建设中，有一条街道有一个拐弯，如图所示。即街道ABC在B处拐弯，在街道一侧等距放盆栽，要求A、B、C处各放一盆，请问这条街道最少要放多少盆栽？

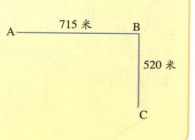

## 034. 方阵中的数学问题

某学校组织学生参加市级歌咏比赛，这些学生排成一个大型方队，一起演出。已知：最外层共有学生60人。那么，整个方阵共有多少学生呢？好好的算一算吧。

## 035. 兴趣小组

学校开展了兴趣小组，有音乐、美术、舞蹈、书法等。莉娜的同学中只有9个同学参加了兴趣组，其中6个同学参加了音乐组，5个同学参加了美术组。莉娜想知道同时参加这两个组的同学有几个？请你帮她算一算。

## 036. 多少只鸡

林拉家有一个不小的养鸡场，里面养了4种鸡。一天，林拉数了数，这些鸡中一共有8只长尾鸡和20只火鸡，而乌鸡的数量正好占所有鸡总数的60%。还有一种普通白鸡，其数量是乌鸡数量的1/3。那么，你知道林拉家一共养了多少只鸡吗？

## 037. 钱少了

卡尔和凯特相约去集市卖水果。他们都是按一公斤一小袋装的。卡尔卖的是普通葡萄，但是长得和提子差不多，3公斤10美元；凯特卖的是提子，2公斤就卖10美元。后来凯特因为有事不得不离开，就把卖提子的事情交给卡尔来办。卡尔看到他和

凯特的水果都只有30袋了，觉得事情也好办，就答应了。可是由于顾客比较多，卡尔一个人应酬不来，不小心把两种葡萄混在一起了，就按照5公斤20美元的价钱出售，卖了240美元。后来，凯特来要他的150美元的提子，可是这样的话，卡尔就只有90美元了。请你帮忙解释一下为什么少了10美元呢？

## 038. 萝卜也可以这样买

水萝卜本身可以生着吃，也可以用来做腌菜，而它的叶子可以用来拌凉菜，而且经济又实惠。现在人们买水萝卜是连着它的叶子一起买的。有一个菜农去城里卖水萝卜（都是有叶子的），一公斤水萝卜一元钱，卖到最后，只剩下10公斤了。这时，来了一个人，说："这些水萝卜我全都要了，不过根部7毛钱一公斤，叶子3毛钱一公斤，这样加起来还是1元钱一公斤，你也不吃亏。"就这样，菜农同意把水萝卜和叶子卖给这个人。

但是菜农称完后发现，水萝卜根部是8公斤，5.6元；叶子是2公斤，0.6元，总共才6.2元。这与一公斤水萝卜（都是有叶子的）一元钱算下来的10块钱还差几块，这是为什么呢？

## 039. 优秀员工

某工厂有员工1000人，年底给优秀员工发放奖品，如果有12人每人各分7箱，其余的每人分5箱，则余下148箱；如果现在有30人每人各分8箱，其余的每人分7箱，则余下20箱。那么请你推算一下该工厂有多少优秀员工？

## 040. 猫和老鼠

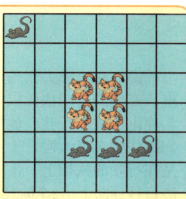

各位同学，我们做个小游戏，让猫和老鼠住在一起吧！右面这个正方形格子里有4只老鼠以及4只猫。现在要将这个格子剪切成4块儿，每块儿的大小和形状都必须一样，同时每块里面必须包括一只老鼠和一只猫。剪的时候，一定要沿着方格线。你知道该怎么剪吗？

## 041. 甲队和乙队

有一个工程，甲队单独工作要20天完成，乙队单独工作需要10天完成。如果按照甲队工作一天，然后乙队工作一天，再由甲队工作一天，乙队工作一天，这样交替循环的规律，总共要多少天可完成这项工程？

## 042. 漏掉的酒

酒馆有很多个酒桶，因为用了很多年，所以有一个酒桶开始漏酒，而且每天都漏等量的酒。现在让8个人喝这酒桶里的酒，4天就能喝完。如果有5个人喝酒，则6天就可以喝完。那么，你算一算每天的漏酒量为原有酒的多少？

## 043. 扶梯的级数

雷洛和凯娜去商场逛，商场的自动扶梯以匀速由下往上行驶，他们嫌扶梯走得太慢，于是在行驶的扶梯上，雷洛每秒钟向上走2个阶梯，凯娜每2秒钟向上走3个梯级。如果雷洛用40秒钟到达商场的上一层，而凯娜用50秒钟到达。那么当扶梯静止时，可看到的扶梯梯级有多少呢？

## 044. 睡莲

公园里的池塘里种了很多睡莲，睡莲生长得很快，每天遮盖池塘的面积扩大一倍，30天正好遮住整个水面。但是规划者想知道这些睡莲遮住水面一半需要多少天，你能帮他算一下吗？

## 045. 盐水的浓度

科达老师在一次化学实验中，准备了糖水若干千克，第一次加入一定量的水后，糖水浓度为6%，第二次加入同样多的水后，糖水浓度变为4%。那么，第三次再加入同样多的水后，糖水浓度是多少？

## 046. 建图书馆

村里准备建一个图书馆，他们要找一个距离所有人的房子都是最近的地方。这些住户住在同一条街上，如图所示，那么这个图书馆应该建立在什么地方最合适？

## 047. 分财产

父亲临终前把他的7个儿子叫到面前，他把自己的财产分成7份放在一个钱袋里。可当他把财产平分给他的儿子之后，钱袋里还有一份，他并没有多分出来一份财产。那么这是怎么一回事呢？

## 048. 暑假作业

暑假时，赫敏打算和亚德去澳大利亚旅行，所以，她得提前把作业做完。在她放假的前5天，她就完成了100道题。如果她每天比前一天多完成6道题，那么她第一天完成了多少道题？

## 049. 损失了多少钱

吉尔基德去商店买东西，他拿出50美元买了瓶饮料，老板当时没零钱，向邻居换了50美元的零钱，找给他48美元，那瓶饮料的成本价是1美元。后来邻居发现吉尔基德给的那50美元是假币，于是老板还给了邻居50美元。想想看，老板在这次交易中损失了多少钱？

## 050. 登山游戏

乔治和马丁来到附近的小山下面玩，他们一起登山登到第60个台阶时，乔治要求马丁和他一起玩一个游戏，他们轮流掷硬币，人头朝上的算是赢，赢的人可以上5个台阶，输的人要下3个台阶。他们轮流投掷了25次以后，终于停下了，这时乔治比马丁高出40个台阶。那么，现在他们各站在哪一个台阶上呢？

## 051. 乒乓球比赛

甲、乙、丙三人一起打乒乓球比赛，规则是先由两人对打，剩下的一人当裁判。在对打中输了的一方去当裁判，让原裁判再来挑战胜者，如此轮换。已知：甲一共打了12场比赛，乙一共打了21场比赛，丙一共当了8场的裁判。那么，整个比赛中，第10场的输者会是哪一位呢？好好想一想吧。

## 052. 青蛙

有一只青蛙不小心掉到了一个大坑里，坑底最高的地方是5米，但是青蛙一次最高可以跳3.7米。请问，你知道青蛙跳多少次可以跳出大坑吗？

## 053. 树与树之间的距离

某市为了美化城市，绿化环境，所以在路的一旁种了树，有条路长560米，种了7棵树，路的两端没有种树。算一下，平均每两棵树之间相距多少米？

## 054. 图形类推

萨拉碰到一道推理题，想了半天也没找到正确答案。你来帮帮忙吧。

题目是：如果图1对应图2，那么与图3对应的图4应该是什么样的？请在右面5个选项中找到正确的类推结果。

图1　图2

图3　图4

A　B　C

D　E

## 055. 摆椅子

热闹的圣诞节当天，一家人坐在一起吃晚餐。家里的餐桌是一个正方形的桌子，而总共有10把椅子，现在要求桌子的四周摆上相等数量的椅子，你知道怎么摆吗？

## 056. 不同的图形

好久没做类推题了，大家一起来让大脑运转起来吧！下面哪个图形和其他图形的类型不同？
（提示：不考虑图形对称。）

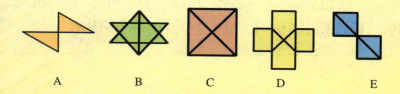

A      B      C      D      E

## 057. 文艺演出

班上有27名同学要进行文艺演出，他们排成了一个六角形阵列，如图所示。现在他们要变换队形，单独站出去的3个人要和其他人融合在一起，不但要排成9排，每排6个人，还要形成一个对称图形，并且所有的人还要分成3个小方队。请问该怎么站呢？

## 058. 麻烦的称油

有一个商人用一个大桶装了12千克油到市场上去卖，恰巧市场上有两个人分别带了5千克和9千克的两个小桶来买油，但他们一个要买1千克油，一个要买5千克油。这个商人要怎样称给他们呢？

## 059. 山羊难题

可爱的绿蒂和辛迪做作业做累了，她们玩起了思维游戏。我们一起来看看她们做的第一道思维题吧！直线AA上有3只山羊，直线CC上也有3只山羊，直线BB上有2只山羊。将余下的6只山羊排成3排，且每排有3只山羊，该怎么排列？

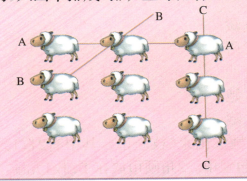

## 060. 巧移木棍

右图是由35根木棍组成的一个小迷宫。只移动4根木棍，你有办法将它变成一个封闭的有4个大小不同正方形的图形吗？

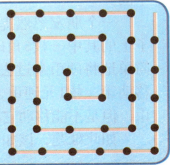

## 061. 图形变换

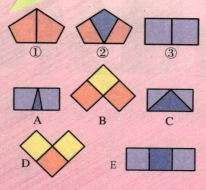

数学课上，学生们刚刚学完图形，老师就带领大家一起来玩图形变换的游戏了。如果左面的图形①可以变换为图形②，那图形③可以变换为下面选项里面的哪一个图形呢？这些图形的变换是有规律的，先找出规律再进行变换吧。

## 062. 不能移动的硬币

凯利是一个硬币收藏家，她收藏了各个年代所出的硬币，于是每当有朋友到她家做客的时候，她总是喜欢拿出她的收藏

给朋友们欣赏。这天，她拿出来5枚硬币，其中有2枚1元硬币，2枚5角硬币，1枚2角硬币。2角硬币放在了2枚1元硬币的中间。

一个朋友忽然提议大家一起来玩硬币的游戏，就是把桌子上的其中一枚5角硬币来代替2角硬币的位置。当然并不是简单地将硬币拿过去，而是有游戏规则的，规则如下：可以移动第一枚1元硬币，但是不能碰到它；可以接触那枚2角硬币，但是不能移动它；5角硬币既可以接触也可以移动。

如此难题，该如何解决呢？

## 063. 互换位置

桌子上有8个盒子，上面有4个，下面有4个。上面的后3个盒子里面放着3只白色的小猫，下面的前3个盒子里面放着3只黑色的小猫。现在要求移动7步就让6只小猫的位置互换，但是要求猫移动位置的途中必须是沿着连接盒子的线走的，而且一个盒子里面只能容得下一只猫。你有被难倒吗？

## 064. 合唱队员

新学期开始了，学校组织了新的合唱团。团长从1开始给各位团员编号，然后把前一半编号的团员归为A队，把后一半编号的团员归为B队，两队人数相等。现在，A队团员按照编号从小到大的顺序由北向南站成一排，B队团员则按照编号由大到小的顺序由北向南分别站在A队团员的对面。已知，编号为121的A队团员与编号为294的B队团员面对面，那么，你知道这个合唱团一共有多少人吗？

## 065. 对应关系

图形对应的题我们见的多了，可是下面这道题你知道怎么做吗？

如果图①对应图②，那与图③对应的是哪一个？

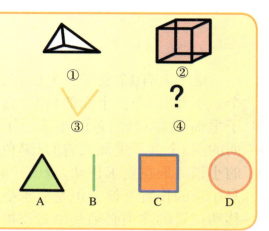

## 066. 城市划分

有一个形状是正方形的城市，它的右上角是一个正方形的湖泊。现在要求把剩下的部分划分为3个相等的区域，如果你是这个城市的市长，你该怎么去划分呢？

## 067. 找共性

右图中的4个图形都有一个共性。聪明的小朋友，快来找找它们的共性是什么吧。

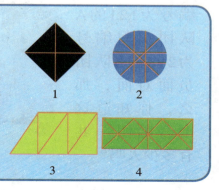

## 068. 问号处是什么

一次数学课上，老师给大家出了一道图形推理题：9宫格的正方形里面画出了8个图形，问号处的图形是个秘密，需要小朋友们根据前面8个图形的规律而得出正确答案。那么你知道哪一个是正确的吗？

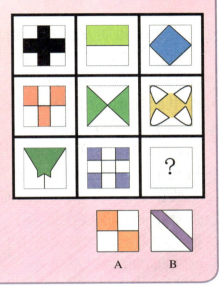

A　　B

## 069. 接电线

达西是一个软件工程师，右面的图是他发明的一个软件的草图。在这个草图中，分别要接4个不同的线路（如小方块所示），且每一个线路所占的面积大小是一致的，每接一根电线需要有2个小孔和1个大头针才能接牢靠。他应该怎么接这4个线路呢？你给分配一下吧。

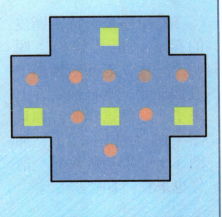

## 070.扑克牌游戏

　　艾伦和朋友们都特别喜欢玩扑克牌的游戏。一天，他们从一副完整的扑克牌里面抽出4张8和4张6，将这8张牌放在一起，6正面向下放在8的上边。然后艾伦拿起这些张牌，把第一张6正面向上放在桌子上，第二张正面向上放在手里面牌的底部，第三张牌正面向上放在桌子上，第四张和第二张一样。依次类推，如果不让你看到桌子上面牌的顺序，你是否可以算出这8张牌的顺序呢？

## 071.图形对应

　　爱丽莎是个特别调皮的孩子，但头脑相当聪明。一次，老师给她出了道推理题，她很快就答上来了。题是这样的：如果图（1）对应图（2），那图（3）对应哪一个？请你也来看一看吧。

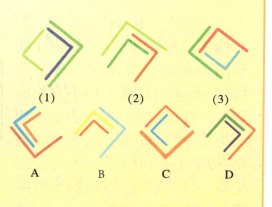

(1)　　　(2)　　　(3)

A　　　B　　　C　　　D

## 072. 分糖果

凯琳阿姨来了，还给孩子们带了很多糖果。可是不识数的艾米丽将糖果分成3堆，第一堆11个，第二堆7个，第三堆6个。凯琳阿姨看到后要重新分糖果，但是凯特提出来她只要8颗糖果就可以了，而且让凯琳阿姨只移动3次来分糖果，要求每次将糖果添加到任意一堆的数目都与该堆糖果的数目相等。凯琳阿姨会被难倒吗？

## 073. 富翁的四个儿子

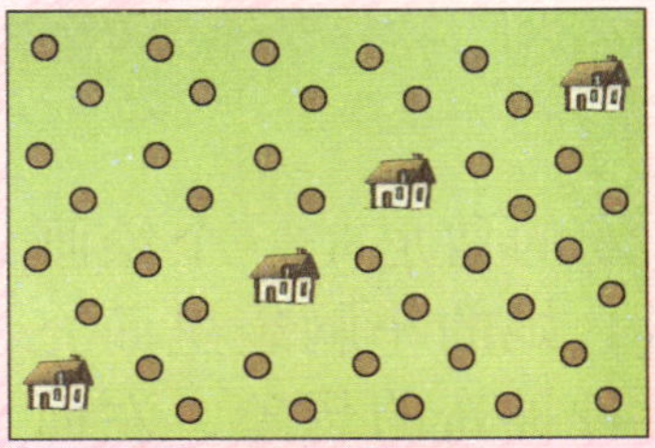

有一个富翁生了4个儿子，可是兄弟之间的感情并不好。富翁死后，四兄弟为了争夺爸爸的庄园而大打出手，闹上了法庭。原来富翁的庄园中有4座房子可以居住，40口水井用来灌溉，所有的儿子都抢夺房子和水井（位置如图所示）。最后法庭给他们做了公正的判决，让每一个儿子都得到了一座房子和10口水井，你知道法庭是怎么分配的吗？

## 074. 推箱子游戏

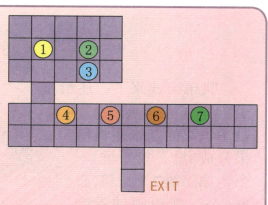

　　大家应该都有玩过手机版的推箱子的游戏吧，今天我们来玩一个扩大型的游戏。下面的方格里面放了7个箱子，现在要把箱子推到出口，你会吗？

当然还有很多的游戏规则，那就是：一次只能横向或者纵向推动一个箱子；箱子走过的路线不能后退。怎样用最少的步骤把所有箱子都推出去呢？

## 075. 詹尼的画

　　可爱的詹尼是一个绘画爱好者，她的小脑袋里面充满了各种神奇的想象，左面的图是她所描绘的天空的样子，放满了各种漂亮的图案。现在我们就考考大家的观察力和动手能力，要求用3条直线将詹尼的画分割成6部分，每一部分都含有每种符号各2个。你会分割吗？

## 076. 奶奶的院子

　　吉尔奶奶家的院子里面种着枣树，枣树结了漂亮的大红枣，因此有很多小孩跑来偷摘。吉尔奶奶为了防止再有人偷她的枣，就让吉尔为她在院子周边搭一圈篱笆。可是粗心的吉尔把篱笆围成了如下图所示的样子，这样的篱笆根本起不到保护作用，小孩们还是可以轻易地进入奶奶的院子，只有把篱笆建得上下都进不去才可以。你可以考虑移动2道篱笆就把以下图形拼出4个三角形和2个平行四边形，这样就可以保护奶奶的院子了。应该怎么做呢？

## 077. 神奇的组合

　　皮特的妈妈为皮特买了4个漂亮的十边形卡片，并且上面涂着好看的颜色，不同的色彩把十边形分成了17部分。皮特想把这些不同颜色的图案各自剪下来，再把它们重新组合，共同拼成一个新的漂亮的图形。你觉得他能做到吗？如果可以，又会拼出一个什么图形呢？

## 078. 一起分水果

老师将一堆水果分散放在桌布上，她需要将这些水果平均分给6个小朋友，而且每个人都要拿到每种水果中的2个，应该怎么分呢？老师把这个任务交给了威廉，要求他用3条直线划分水果，威廉正在思考呢。你也来看一看吧。

## 079. 翻转图形

下面有7个长方形图，每个图里包含2、3个水果图案。现在这7个长方形图随意摆放在桌子上，如果我们来玩一个翻转游戏，需要上下翻转其中几个长方形图，才能使每一行所包含的图案种类和数量都完全相同呢？你知道怎么翻转吗？仔细观察一下。

## 080. 面包圈

餐桌上放着一个大大的面包圈，妈妈告诉戴维，只要他能仅切两刀，就将面包圈至少分为5块，面包圈就归戴维所有了。戴维拿起刀子，想了想，很快就切出了5块。猜猜他是怎么做到的，你会吗？

## 081. 分开的小鸡

马尔养了11只小鸡，可是这群调皮的小鸡在一起的时候总是互相争夺食物，导致有的小鸡经常挨饿。为了更好地饲养这些小鸡，马尔需要用5条长栅栏（直线型的）将这些小鸡分开养，使得每只小鸡都有独立的空间。现在这些小鸡都在睡觉，我们帮马尔围好栅栏吧！

## 082. 长尺和苹果

今天老师要带同学们做一个有趣的思维游戏。老师用一个长尺和一堆苹果摆出各种造型，变换4次之后，她让同学们根据前面4个的排列方式猜猜下一个造型是什么样子。不要着急，让我们好好想想再告诉她吧！

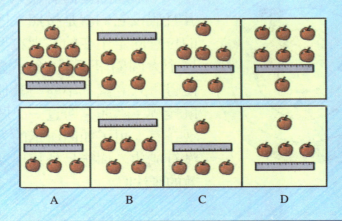

A          B          C          D

## 083. 饮水

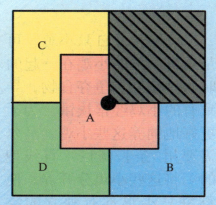

有一个形状是正方形的城市，由4个县和一个区组成，已知这个区的位置就是图中的阴影部分。之前划分的4个县的位置分别是A、B、C、D。然而，只有A县的区域内有口水井，而B、C、D的居民必须绕道A才可以饮水，这样不仅饮水不方便，而且经常交通堵塞，怎么样才可以让A、B、C、D 4个县的面积不变，而且可以不用绕道其他县就可以使用这口井呢？

## 084. 圆圈与老鼠

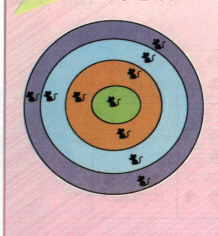

一个圆圈里面有10只老鼠，并且假设它们就是按照左图所示的位置固定不变的。现在要求在这个大圆圈里面画3个小圆圈，使得每只老鼠都不能与其他的老鼠接触，除非它跨过一个圆圈。现在有人用了如图所示的方法，没有成功。你能另外想出新的有效的画法吗？

## 085. 切蛋糕

今天是艾玛的生日，艾玛的妈妈特意为艾玛买了一个大大的蛋糕送到了幼儿园。艾玛用小刀将蛋糕切了6下以后，把蛋糕分成了如图所示的16块。可是问题出现了，幼儿园里面有22个小朋友，这样每个人就没有办法分到一块了。

现在假设艾玛还没有切这块蛋糕，同样是切6下，而且每次切割后，不能调整小块的位置，更不能把它们重叠起来，小艾玛能把蛋糕分成22块吗？幼儿园里的小朋友可都在等着分一块蛋糕呢。

## 086. 卡尔的算术技巧

老师给大家讲了一个关于德国数学家卡尔的故事。卡尔在小时候就能够迅速算出：1+2+3+…+99+100的和是多少？同学们很惊奇卡尔是怎么做到的，老师讲道："卡尔挨次把这一百个数的头和尾加起来，即1+100，2+100，3+98，…，50+51，共50对，每对都是101，总共就是101×50=5050。"

大家听完才恍然大悟，老师接着说道："现在我给你们出另一道题：从1到1 000 000 000，这10亿个数字之和是多少？"（提示：100即是1+0+0=1。）

同学们都被难倒了，聪明的你会不会算呢？仔细想想小卡尔用的办法吧。

## 087. 逛超市

丽娜和妈妈一起去逛超市，她们去了市里面最大的超级市场，这个市场恰好是一个圆形。丽娜和妈妈把整个超市都逛了一圈也没有买到想要的东西，于是她们又想到超市里面的其他几个小市场看看，如右图所示，A、B、C、D为4个小市场，R为大市场。丽娜和妈妈将A、B、C、D4个大小相同的市场也全部逛了一遍。那么丽娜和妈妈到底是逛大市场走的路多呢，还是逛四个小市场走的路多？（不包括她们重复走的路。）

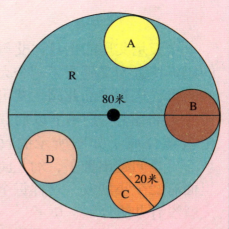

## 088. 三个小鬼称体重

爱丽、可可、汤姆3个小鬼去爱丽家开的小粮油店玩耍，看见店里面放着一台秤，3个小鬼就想称一下自己的体重。可是爱丽的妈妈告诉他们这个秤只可以称30千克以上的东西，而他们每个人的体重只有20千克左右，所以没有办法称。

3个小鬼没得称体重了，特别不开心。忽然，汤姆说："我有办法可以称出我们3个人的体重。"你知道汤姆想了一个怎么样的办法呢？

## 089. 杰克的拼图

杰克和伙伴们在一起时总会想出奇怪的点子做游戏，今天他想让大家玩拼图游戏。他给出3张拼好的图，要求大家在规定时间内，找出图1和图2的对应关系，然后根据图3，拼出图4。这个题目有些难度，请仔细观察A、B、C、D4个选项，找出正确的那一个吧。

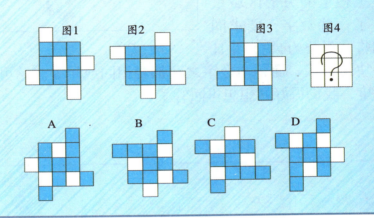

## 090. 有古树的地

洛克兄弟家有一块正方形的田地，现在父亲要将这些田地平分给4个孩子。原本是很好划分的，可是问题在于这块地里有4棵珍贵的古树，它们从田地的中间到一边并列排成一排（如图所示），现在需要做的是将这块地划分成相同的四等块，且每一块地必须有一棵古树。你知道怎么划分吗？

## 091. 划分数字

今天的数学课很有趣，因为老师出了一道不同于以往的数学题，这道题不仅仅是简单的运算，还有面积形状的计算。老师在黑板上的方形区域里写下了一些数字，要求同学们将方形分为4块，并且

| 6 | 2 | 9 | 3 |
|---|---|---|---|
| 4 | 1 | 0 | 1 |
| 3 | 5 | 6 | 2 |
| 2 | 3 | 4 | 5 |

每一块的形状、面积与数字之和都要相同或相等。这可真有些难度，我们得好好想想再回答了！

## 092. 林顿的彩笔

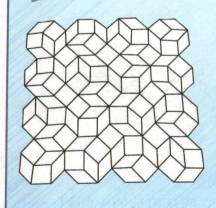

林顿在玩一个涂色游戏，他要用彩笔为左面这幅图涂上颜色，并且相邻的图形颜色不能一样（这里的相邻指的是有一条公共边）。在确定颜色后，林顿需要去买一些彩笔，你知道林顿最少要买几种不同颜色的彩笔吗？

## 093. 折叠

　　杰瑞想把手中写有不同字母的一个平面图形（如右图所示）折成一个立体图形。看看下面的选项，他可以折成哪一个立体图形呢？

## 094. 木棒与直角

　　黛丝挥舞着三根小木棒，不停地给正在写作业的哥哥瑞恩捣乱。瑞恩拿过黛丝手里的木棒，用它们摆成了右面这个图形，然后，他对妹妹说："黛丝，我现在用它们摆成了5个直角，你能用这三根木棒摆出12个直角吗？"这可把小黛丝难住了，现在她还坐在一旁思索呢。你能解出这道题吗？

## 095. 立体图形

有一个用彩纸折叠成的立体三棱柱，它的每一面都有不同的图案。现在，把这个三棱柱展开，成为一个平面图。请仔细找一下，在右边A、B、C、D4个选项中，哪个才是它真正的展开图呢？抓住它的特征，就简单多了。

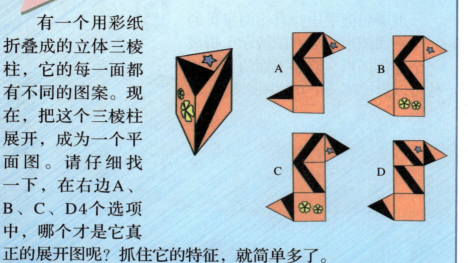

## 096. 图形排列

几个不同的圆圈摆成金字塔形状。每个圆圈里都有不同的图形，它们是按一定规律摆放的。找出这个规律，然后说出最顶端的圆圈里应该是什么图形？

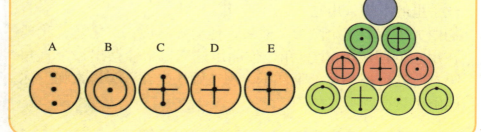

## 097.色子的滚动

　　大卫在桌子上摆弄一个色子，他从色子的五点方向开始向右滚动，每次滚动一面，连续滚动两次后开始向下滚动一次，然后再向左滚动两次，再向上滚动一次至原位，你知道大卫最后一次滚动后色子上冲外的点数是几吗？

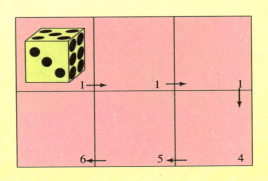

## 098.拼成立方体

　　下面有一张画了各种图案的T形纸，如果把它拼成一个立方体，会是什么样子的呢？从下面的选项中选出正确答案。

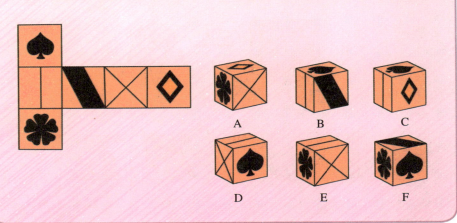

## 099. 做几何题

"这道题太难了！"正在做题的安妮忍不住说道，原来她做的是一道几何题：某几何体的三视图如右图所示，则这个几何体的直观图是哪一个呢？你能帮助安妮找出来吗？

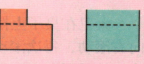

A

B

C

D

## 100. 侧视图

图1正三棱柱在截去3个角（A、B、C分别是三角形GHI三边的中点）后，得到几何体图2。按图2所示的方向，请问它的侧视图是什么样的？

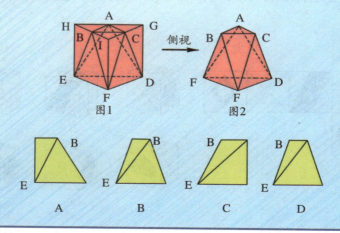

## 101. 飞行的蝴蝶

蝴蝶在飞行时，遇到前方有一个木箱子，它想从木箱子上面飞过去。如右图所示，蝴蝶要从A点出发，经过纸箱到达B点。已知这个纸箱的长是30厘米，宽是20厘米。那么，你能为蝴蝶找到一条最短的路线吗？

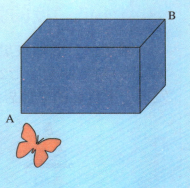

## 102. 求角度数

请看左面这个立体图形，AB和AC都是对角线，你能算出∠BAC的度数吗？

## 103. 比长短

数学课上，老师画了一个图形（如右图），请问线段AE和线段ED哪个长呢？

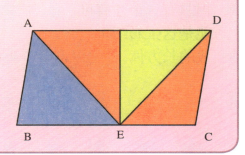

## 104. 不同角度的立体图形

课堂上，老师在黑板上画了一组图形。在这组图中，假如图形1对应的是图形2，那么图形3对应的是什么图形？请你发挥一下自己的立体思维，找出答案。

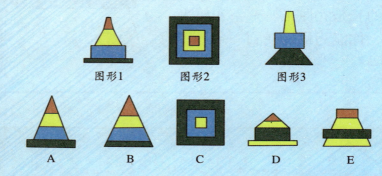

图形1　　图形2　　图形3

A　　B　　C　　D　　E

## 105. 长方体的表面花纹

奥苏喜欢用彩色纸片折图形玩耍。一天，她用右边这张彩纸折成了一个长方体。这个长方体的表面花纹是怎样的呢？请从下面的4个选项中找出正确的一幅。注意，这几个选项看起来差不多，但只有一个才有可能是这张彩纸折成的长方体。

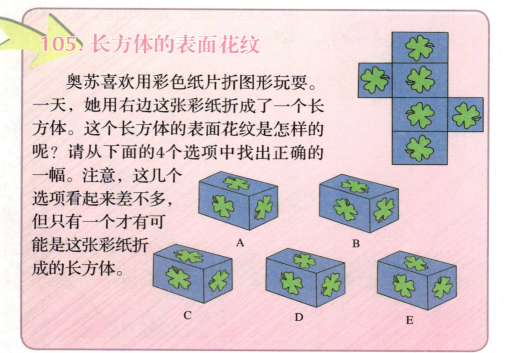

A　　B

C　　D　　E

## 106. 代数

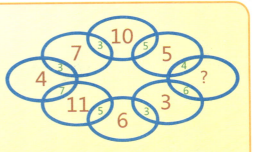

圣诞节晚会上,海伦老师拿出了几个连在一起的纸片,除了一张纸片上面是问号外,其他每一张上面都有一个数字(不算交叉位置)。想想看,这个数字会是什么呢?仔细观察右面这幅图,你会发现这些数字之间的规律哦。

## 107. 计算出 100

小裁缝为财主做了2个月的工,但财主不想给钱,就出了个题目刁难小裁缝。财主在地上写下1,2,3,4,5,6,7,8,9,说道:"如果你能在这几个数字中间,只添上3个运算符号,就使算式的答案等于100,我就把工钱给你。"小裁缝看了看这道题,很快就做了出来。你知道他是怎么算的吗?

## 108. 动物等式

动物农场有许多动物,每个动物都有自己的编号,不同动物的编号加起来会得出不同的数字。看看右图,每个动物的编号是多少呢?你来算一算吧。

| | | | | |
|---|---|---|---|---|
| 🐰 | 🐐 | 🐓 | 🐟 | 🐂 |
| + | + | + | + | + |
| 🐐 | 🐂 | 🐓 | 🐰 | 🐟 |
| = | = | = | = | = |
| 7 | 10 | 14 | 13 | 16 |

# 参考答案

## 趣味运算篇

**001.老虎的身长**　72厘米。设虎身长为X，则$9+\frac{1}{2}X+9=X$，X=36。老虎全身长为9+36+27=72厘米。

**002.分白面**　首先将盆装满两次，倒入7公斤的罐子内；再将盆装满，倒1公斤到罐子中；将7公斤面粉倒入袋子；将盆中2公斤倒入罐子中；再将袋子内的3斤公面粉倒入盆中，再把盆中的面粉倒入罐子中。如此，5公斤面就分开了。

**003.巧称积木**　最少2次。

**004.称出假硬币**　需要称3次。把21枚硬币分成3组，每组7个。在天平的两端各放一组，如果天平平衡，那么假硬币就没在被称的组里；如果天平倾斜，那显然假硬币在重的一组里。然后把假硬币所在的一组硬币分成2组，每组3个，剩下1个。把这两组分别放在天平的两端，如果天平平衡，那么剩下的一枚刚好是假硬币，否则我们找出假硬币所在的一组，在天平两端各放1枚硬币，剩下1枚硬币，就可以称出假硬币了。

**005.兴趣班**　假设有P人既报了美术班又报了音乐班，那么报了美术班

的人数为7P，报了音乐班的人数就为9P。P+6P+8P就是全班的学生数。而报了音乐班的学生数占学生总数的比例是9P/15P=3/5，所以已经超过了班里学生总数的一半。

**006.能吃的小猫**　小猫第一天吃了8条小鱼。我们可以假设小猫第一天吃掉了F条小鱼，那么第二天就吃掉了F+6条小鱼，依次类推，可以列出等式F+（F+6）+（F+12）+（F+18）+（F+24）=100，求得F=8。

**007.箱子装箱**　如图所示，可以将5个小箱子装入一个边长为2.707米的正方形大箱子内。

**008.长长的街道**　在第111号房子之前共有110栋房子，相应的就有110栋街对面房子的编号高于300，所以街道两旁的房子总数应该为300+110=410栋。

**009.年龄的秘密**　这位老人一共活了60岁。

我们可以假设这位老人的年龄为P。那么：

他的孩童时期=1/4P；

他的青年时期=1/5P；

他的成人期=1/3P；

他的老年时期=13；

1/4P+1/5P+1/3P+13=P；

P=60。

**010.多少只羊** （100-1）÷（1+1+1/2+1/4）=36只。

**011.鸡兔同笼** （1）22只鸡，14只兔子。鸡是1双脚，兔子是2双脚。若36只都是鸡，则少了14双脚。当一只兔子被当做鸡算时，就少算了一双脚，所以兔子的数量应该是14只，而鸡的数量则是36－14=22只。

（2）15只鸡，15只兔子。因为鸡、兔子的数量相等，那么一只鸡和一只兔子编为一组，每组就是6只脚。一共有90只脚，90÷6=15，所以鸡、兔各有15只。

**012.蚂蚁钻盒子** 49厘米。小蚂蚁在各段通道上行走的路程如下：A=9厘米；B=8厘米；C=8厘米；D=6厘米；E=6厘米；F=4厘米；G=4厘米；H=2厘米；I=2厘米。一共是49厘米。

**013.农场的动物** 一共有35个头，所以在全是野鸡的情况下，有70条腿。帕克说一共有94条腿，就是说额外多出了24条腿。多出的腿都是兔子的，所以兔子有24/2=12只，那么野鸡就是23只。

**014.急速快递员** 马克第一趟送出了54份快递，第二趟送出了45份快递。

**015.货车过桥** 7秒钟。实质这是一道计算时间=路程/速度的题。因为车通过桥是车头和车尾均离开桥，所以计算的长度是26+2=28，得出时间是28/4=7秒。

**016.奶奶的年纪** 奶奶今年72岁了。假设奶奶今年是X岁，那么她6年后的岁数X＋6，6年前的岁数就是X－6。根据奶奶的描述，我们可以知道：

X=（X+6）×6－（X－6）×6

=［（X+6）－（X－6）］×6

=12×6

=72（岁）

**017.外婆的鸡蛋** 外婆篮筐里最少有61个鸡蛋。

其实，这是个余数问题。一个数，拿3、4、5去除，余数都是1。我们可以这么来看，这个数减去1，就能同时被3、4、5整除，那么这个数是几？显然，求解的数是这3个数的公倍数加上1。3、4、5的最小公倍数是60，加上1是61。那么以此类推，这个数还可以是121、181等。所以我们知道外婆的篮筐里最少有61个鸡蛋。

**018.相见的日期** 3个朋友至少再隔105天在孤儿院再次相见。这是一个求最小公倍数的题目。3个好朋友在孤儿院再次相会的天数是他们在孤儿院同一天走后的天数的最小公倍数。即3×5×7=105(天)。

**019.要喂多少米** 2公斤。因为20公斤大米可供20只鸡吃20天，所以将20只鸡养一天需要喂1公斤大米。而40只鸡40天生40公斤鸡蛋，所以要得到1公斤鸡蛋只需要养40只鸡一天。算式为（1÷20）×40=2公斤。

**020.羽毛球比赛** 2场地单打，8场地双打。

单打每一场地是2个同学参加，双打每一场地是4个同学参加。如果10场地全是单打，那么出场的同学只有20个。但现在有36名同学参加，多出来16名。如果把一场地单打换成双打，参加的同学多出2名。要能多出16名，应该有8个场地换成双打。

另一种解法是：我们先假定都是同一种打法，再替换。每个场地沿着中间的球网分成左右两半，只考虑左边。单打的场地左边站一个人，双打的每半边站2个人。10场地，两边共站36人，左半边站18人。用左边的18人减去场地数10，差值是8，就得到共有8场地是双打，剩下的2场地自然就是单打。

**021.酒鬼兄弟** 假设一桶啤酒的数值为1，那么弟弟一天喝1/14－1/20＝3/140桶啤酒。所以弟弟自己需要140/3＝46$\frac{2}{3}$天喝光一桶啤酒。

**022.平均速度** 47.4千米/时。车的平均速度为2/（1/50+1/45）＝47.4千米/时。

**023.年龄之和** 他们父子的年龄之和是36岁。

设X年前雷奥的爸爸年龄是雷奥年龄的8倍，从而有44－X＝8（16－X），所以X＝12。12年前，雷奥爸爸的年龄是44－12＝32（岁），雷奥的年龄是16－12＝4（岁），所以，父子的年龄之和是32+4＝36（岁）。

**024.是星期几** 下一年的最后一天是星期四。

我们知道平年是365天，共52周余一天，所以既然这一年有53个星期二，那么如果这一年是平年，则该年份首尾两天皆为星期二。而这一年的元旦不是星期二，所以该年为闰年。那么元旦为星期一，最后一天为星期二，所以下一年

的第一天为星期三，且这一年是平年，全年总共52周余一天，最后一天就是星期四了。

**025.谁挣得多** 汉娜挣得多。米雅3个月内挣的钱数是：2000+2150+2300＝6450（美元）。汉娜3个月内挣的钱数是：1000+1025+1050+1075+1200+1225＝6575（美元）。

**026.整理空瓶的费用** 同学甲应分到6元，同学乙应分到3元。同学甲和同学乙一共干了9小时，按3个人平均分的话，每个同学应该整理3小时。但是因为同学丙并没有整理空瓶，所以他应该整理的由同学甲和同学乙各为其分担2小时和1小时。这样来分9块钱，我们可知，每小时是3元钱。所以同学甲分6元，同学乙分3元。

**027.最大差值** 两数最大差值是56。

A:B＝2/3:2/7＝7/3 那么，A数是7份，B数是3份，由于A数是一个两位数，得出14×7＝98，所以得到A数每份最大是14。A数与B数相差4份，所以可以推出，它们的差值最大是14×（7－3）＝56。

**028.朋友的年龄** 这是可能的，玛丽莲的生日是元月2日。她告诉"我"生日的这一天是今年的12月31日。这么算的话，她去年元旦时是20岁，1月2日恰好就是21岁了。那么今年元旦还是21岁，到元月2日是22岁。那么后天，也就是明年的元月2日她恰恰是23岁的生日了。

**029.余下的礼物** 余下的礼物数是19个。从题目中我们可以得到，每一小盒装2个，每一大盒装4个，每一大袋装8

个，每一大包装16个。余下一个大包是16个，一个小盒是2个，再加上1个，即为：16×1+2×1+1=19（个）。

**030.阿穆达的难题**　20分钟之后。设X分钟之后一个容器剩下的水是另外一个容器的6倍。那么我们可以列出这样一个式子：54-1.5X=6（54-2.5X）。解此等式得到X=20。

**031.古老的挂钟**　24秒。由题目可知，挂钟敲3下用时6秒，说明每两下之间用时3秒。敲9下，中间会有8个空隙，所以用的时间是3×8=24（秒）。

**032.笔和本子的单价**　笔记本的单价是4元，碳素笔的单价是1元。2个笔记本和8支碳素笔的价钱是一样的，那么得出，1个笔记本和4支碳素笔的价钱是一样的。所以买3个笔记本和5支碳素笔就相当于买了3×4+5=17支碳素笔。买17支碳素笔用去17元。所以每支碳素笔的价钱是1元。又因为，1个笔记本和4支碳素笔的价钱是一样的，所以一个笔记本的价钱是1×4=4（元）。

**033.看个子问题**　最多有4人。由题意知，任意5个学生的平均身高都不小于1.4米，就是说最多会有4个学生身高低于1.4米，否则会出现5个学生的身高都低于1.4米的情况。

**034.美丽的挂饰**　160个和320个。其实这本质是鸡兔同笼问题。有一个大花带两个小花的挂饰的数量是：（480×4-1600）/（4-2）=160。有一个大花带四个小花的挂饰的数量是：480-160=320。

**035.渡河**　根据题意，必须保证3人划船，意思是每次出去又回来时，船上必须有3人。所以可以得出（42-3）/

（6-3）=13（次）。

**036.算算年龄差**　差14岁。我们知道埃玛的年龄和她阿姨的年龄差是一个定值，不会随着时间的迁移而有所改变。所以得出，埃玛从1岁到现在，从现在到阿姨的现在年龄，与阿姨现在的年龄到43岁，其时间间隔是相等的。这也正好是她们的年龄差：（43-1）/3=14(岁)。

**037.商人分资产**　15份。因为15份的半数是7.5份，再加半份就是8份，余下7份；7份的半数是3.5份，再加上半份是4份，余下3份；3份的半数是1.5份，再加半份是2份，余下一份；1份的半数是0.5份，再加半份是1份。

**038.完成工作的天数**　4天。海伦和埃达的工作效率之比是6:9=2:3。海伦做了3天，相当于埃达做了2天，埃达完成余下工作所需时间是6-2=4（天）。

**039.辨别真假币**　2次。

把这些真币和假币分成3组，每组3个。第一次把天平的两边各放一组，那么就可以知道假币在哪一组；接下去，只要在含假币的一组中取两个去称一次，就可以确定哪个是假币。

**040.四人比赛**　D全部输掉了，一场都没获胜。

4个人总共比赛了6场。A胜了D，D一共参加的比赛是3场，因为前面已知输掉1场，所以他就不可能胜利3场。假设D胜了1场或者2场，那么A、B、C则会出现胜4场或者5场的情况，如此，他们三人获胜的场数就不相同了，这与题意不相符。所以，最终得出D一场都没胜，全部输掉了。

151

041. 鱼有多长 48厘米。设鱼尾长是X厘米，鱼身长Y厘米，可得出方程（Y/3）+8=X；X+8=Y。解出：X=16，Y=24。所以鱼的全长是：8+24+16=48厘米。

042. 伞和筷子的价钱 21元和7元。假设伞的单价是X元，筷子的单价是Y元，那么5X+7Y=4X+10Y=154，因此X=21，Y=7。

043. 分数 97分。因为他们的得分互不相同，所以D不可能是96。由A+B+C=95×3，D+B+C=94×3，得知A-D=3。因为A≤100，所以D≤97。那么只有97符合。

044. 翻日历 21号。这6个日期之和是141，中位数即平均数为141÷6=23.5，所以这6个日期分别为21、22、23、24、25、26。所以第一天就是21。

045. 超市的顾客 16位。8分钟内光顾超市的顾客是进入超市的人数：6+2+5+3=16。

046. 瓶内的鲜奶 900克。第二次倒进500克之前有1200-500=700（克）；第一次倒进500克之后，有700×2=1400（克）；第一次倒进500克之前有1400-500=900（克）。

047. 算年龄 15年后。设X年后3个孩子的年龄之和与普森太太的年龄一样。因为无论哪一年，奶奶的年龄和3个孩子的年龄的差值是固定的，所以列出等式：70+X=（20+X）+（15+X）+（5+X），得出X=15。

048. 各带了多少钱 杰姆带了240美元，娜拉带了120美元。列方程解此题：设杰姆带了X美元，娜拉带了Y美元。X=2Y；X-60=3（Y-60），解得X=240，Y=120。

049. 卖相机 665.6元。每一次降价是按原来价格的20%降价的。

050. 到底星期几 不对，应该是星期一。"昨天"之后的第15天是星期二，那么说明"今天"之后两个星期后是星期二，所以今天是星期二，明天是星期三。100除以7余数是2，所以，"明天"之前的100天是星期三再往前推两天，也就是星期一。

051. 乒乓球比赛 2场。A组已经比赛了4场，说明A组和其他所有组都比赛过，根据D赛了一场，知道D只和A赛了一场。B赛了3场，知道B和A、C、E各比赛了一场。根据C赛了两场，知道C和A、B各比赛了一场。所以知道E和A、B各比赛了一场。

052. 火车提速 设2008年的火车速度是V，经过3次提速后变为：V(1+30%)(1+25%)(1+20%)=1.95V。因为从A城到B城的路程不变，所以有19.5V=1.95VT，得出T=10小时。

053. 丙的年龄 43岁。因为甲比乙大6岁，所以当甲18岁时，乙的年龄是12，丙就是36岁。得知甲比丙小18岁，所以甲25岁时，丙是25+18=43（岁）。

054. 图片的浮沉 很多人认为黄色的花朵是浮在上面，而一些人则观点正好相反。同样也有很多人认为蓝色的花朵是浮在上面的，而紫色的花朵是在背景之下的，而一些人则认为相反。这完全取决于对背景所做的参照。

055. 时间 600分钟。假设逛街时间为X分，则，1/3X+1/4X+1/5X+130=X。

X=600。

**056.错误的时间** 24:37和18:60。24点一般写成00点；分钟计算到60时，要直接进入到下一个小时。

**057.称箱子** 2步。把8箱苹果分为两部分，一部分6箱，一部分2箱。将第一部分的苹果箱子分为两份，分别放在天平的两端，如果天平是平衡的，那拿掉了3个苹果的箱子一定在第二部分那两箱里面。再将那两箱放在天平的两端，哪边高，哪边就是被拿走了3个苹果的箱子。如果天平不平衡，则高的那端肯定有缺少3个苹果的箱子。从这3个箱子里任意选两箱放到天平上，如果天平平衡，说明剩下的那个是被拿走了3个苹果的箱子。如果天平不平衡，则高的那端是被拿走了3个苹果的箱子。

**058.祖母的手镯** 第四个镯子。其他几个镯子上右边的小圆圈数量减去左边的小圆圈数量等于2，而第四个镯子右边的数量减去左边的数量是1。

**059.原来的数字** 31。平均数由66变为73，相当于总数增加了（73-66）×7=49，那么用80减去49，即可求出原来的数是31。

**060.自助餐** 1704元。32×37+13×40=1704元。

**061.谁的面包最多** 哥哥斯德迈的面包最多。哥哥给斯瑞瓦两块面包后还有6块面包，姐姐艾维利的面包数量不变，仍是5块。弟弟拿到哥哥给的两块面包之后有6块，吃掉了3块后就剩3块。

**062.购入价钱** 46元。假设定价为x元，购入价为y元，则根据题意可得x=y+14，0.7x=y-4。最后解得x=60，y=46。

因此购入价为46元。

**063.铅笔的单价** 克兰菲尔买的铅笔是7美分一支，丹尼斯买的铅笔是5美分一支。

**064.10年有多少天** 3653天或者3652天。

分为4种情况：

第一种：第1年为闰年，则第5年、第9年也为闰年，共3563天；

第二种：第2年为闰年，则第6年、第10年也为闰年，共3563天；

第三种：第3年为闰年，则第7年为闰年，共3652天；

第四种：第4年为闰年，则第8年为闰年，共3652天。

**065.儿子今年几岁** 14岁。5年前，父子的年龄和是：55-5×2=45岁，5年前儿子的岁数是45÷（1+4）=9岁，那么儿子今年的岁数是9+5=14岁。

**066.水果和饮料** 原来水果的数量为24个，饮料的数量为8瓶。设原来水果数量为A个，饮料数量为B瓶。则A=3B，3（A-10）=B+34，解得A=24，B=8。

**067.那天是星期几** 星期二。

星期五的前一天是星期四，今天的前两天是星期五，所以我们可以知道今天是星期日，那么星期日的明天的后一天，即后天是星期二。

**068.升旗仪式** 3名同学。穿校服或者戴红领巾的同学是29+31-23=37（人），既没穿校服又没带戴红领巾的同学是40-37=3（人）。

**069.猎到了什么** 这是一道创新思维题，要从新的角度去考虑。实际上，6字无头是0，9字无尾也是0，半个8字也

153

是零。所以，这个男孩和他的爸爸什么都没猎到。

**070.洗衣机** 72度电。一台普通洗衣机一天用电量为8÷2.5=3.2度，一台节能洗衣机一天用电量为8÷4=2度，所以洗衣店一天用电量为3.2×10+2×20=72度。

**071.分不清的运动员** 甲是排球队员，21岁；

乙是篮球队员，17岁；

丙是足球队员，19岁。

**072.桥墩之间的距离** 中间有5个桥墩，两端没有桥墩，间隔数比桥墩数多1，所以间距即600÷（5+1）=100米。

**073.渡河** 可把3个妇女暂时称作甲、乙、丙，3个小孩称作A、B、C，渡河方法如下：

①首先A和B先渡河，然后B把船划回来，B和C渡河，然后C把船划回来，C下船；

②随后甲和乙渡河，甲下船，乙和B一起把船划回来，乙和丙渡河，把B和C留下来；

③A把船划回来，然后让B和她一起渡河，A下船，B把船划回来，最后B和C渡河。

**074.卷烟头** 他把10根烟头里面的9根烟头卷成3根烟，然后抽完3根烟剩下3根烟头和原先的1个烟头总共是4个烟头。这样又可以卷1根烟，于是他吸完后就还有2个烟头，他又向旁边的乞丐借了1个烟头卷成1根烟，就可以抽足5根烟，再把抽完的烟头还给旁边的乞丐。

**075.拍照** 一共有16个亲戚。

**076.四人做假花** 35朵。因为4个人

做假花的总量一定，设甲做了X朵假花，37×3+41=39×3+X，得出X=35。

**077.银行卡密码** 因为后三位是不确定的，所以每一位都有0~9的10种可能，因此安妮最多要输入密码的次数是1000次。

**078.掉下来的砖头** 如果你认为这块砖头重1.5千克，那你就错了。砖头的重量=1千克+砖头的重量/2，所以这块砖头应该重2千克。

**079.水池与铁球** 如果铁球直接掉进水池里，它排出的水量等于它自身的体积。如果铁球掉到玩具汽船里，它排出的水量等于它自身的重量（阿基米德定律）。因为铁球的密度比水的密度大，所以它落到玩具汽船上时所排出的水的体积更大，水面也就升得更高些。

**080.不见的差额** 实际上，用2700元加上服务员私扣的200元是没有道理的，服务员私扣的200元包含在那2700元里。正确的算法是，宾馆实际收了2500元，退还给3位顾客300元，加上被服务员私扣的200元，加起来正好是3000元。

**081.问号时钟** 8：45。时针分别间隔了2个小时，指的数字分别是2、4、6、8；分针分别间隔了15分钟，指的数字应该分别是0、15、30、45分。

**082.最重的小猪** 2 4 6 8 10 12 14
最重的小猪的体重是14千克。

**083.米勒大叔的鸭梨** 米勒大叔将打包好的鸭梨放在河水中，自己走在独木桥上，同时用绳子牵着打包好的鸭梨袋子，河水的浮力会将鸭梨载过去。

**084.哪一根被压在最下面** 第12根被压在了最下面。

**085. 四人取牌** 甲拿到的两张牌是1，9；乙为4，5；丙为3，8；丁为6，2；剩下的那张牌是7。

**086. 区别真假币** 只需要称一次。在第一堆取1枚，第二堆取2枚，依此类推，直到第8堆取8枚；假设所取的硬币全为真，并迅速心算出秤盘上硬币的重量，然后与秤盘上硬币的实际重量相比，如果重了1克则第一堆是假币，如果重了2克则第二堆是假币，依此类推。

**087. 彩票中奖** 两家的中奖概率是一样的，所以艾比在哪一家买都一样。

**088. 打靶比赛** 法国人的情况是可能的。因为5次都打中靶，而总分只有7分，因此不可能有一次得5分以上，最多有一次得3分，这样其余4次各得1分，即得分为：1、1、1、1、3。

英国人的情况是不可能的。因为即使5次都中靶，每次都拿到最高得分为9分，也只能获得45分。所以，他说的是不可能的。

美国人的情况是可能的。从他的总分来分析，我们可以得出最多只有两次得9分。如果3次以上得9分的话，就超过他所得的总分了，所以可能的情况是：得两次9分有以下情况：9、9、3、3、3或者9、9、1、3、5；如果得一次9分的情况是：9、3、3、5、7；如果一次也没有得9分的情况有：7、7、7、5、1。

日本人的情况是不可能的。因为5次是奇数，而每次的得分也是奇数，所以它们的和不可能是偶数。所以日本人的情况是不存在的。

**089. 找帽子** 从以白色帽子为起点顺时针数到的第七顶帽子数起，就能够最后一个拿起白色帽子了。

**090. 奇特的比赛** 他们两个人可以换一下车子。因为比赛的是谁的车子最后到达则赢得比赛，这样他们两个只有把对方的车子尽快开到终点就能保证自己的车子最后到达，从而赢得比赛。

**091. 龟兔排排站** 如图所示，有8种排法。

**092. 做蛋糕** 第一组材料有2种可以选择，第二组材料有3种可以选择，而第三组材料有2种可以选择，所以可以做出的蛋糕样式有：$2×3×2=12$种。

**093. 积木天平** 应该放入1个三角形积木。4个三角形积木的重量=3个正方形积木的重量=6个圆形积木的重量。

**094. 风铃的重量** 从两边平衡的角度去计算。

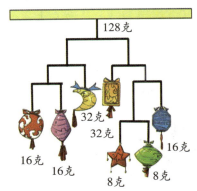

**095. 女孩追帽子** 10：04。设姐妹俩用X分钟追上帽子，则$200X=100X+$

400,解得X=4。所以，姐妹俩从10点开始追，追上帽子的时候是10点零4分。

## 玩转图形篇

**001.巧移火柴** 移动方法如图所示：

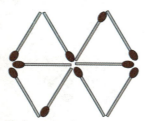

**002.涂色正方形** 最多可以画出6种"1/4涂色正方形"、13种"1/2涂色正方形"。

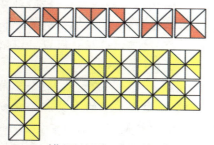

**003.错误的图形** 错误的图形是1C。

**004.火柴游戏** 移动左上角的两根火柴即可

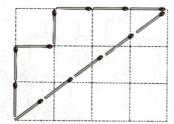

**005.颜色变变变** 如图所示，至少要变4次。

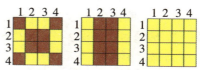

**006.火柴谜题**

**007.围棋游戏** D。从左向右竖着观察，你会发现棋子摆成的是4～9这6个数字。

**008.连接小岛** 桥梁连接如图所示：

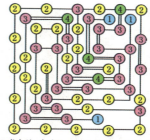

**009.划分农场** 划分方法如图所示：

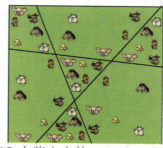

**010.火柴立方体** 如图，移动3根火柴即变成立方体。

011.巡逻兵　可以有两种不同的走法，如图所示。

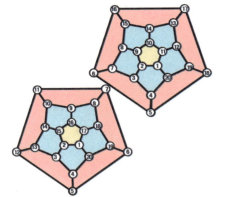

012.阵地布防　狙击手的位置如图所示：

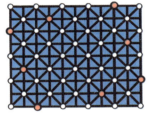

013.数字拼图

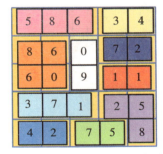

014.约翰的图形魔法　裁剪拼接方法如图所示：

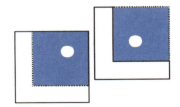

015.星图游戏　如图，有以下几种连法

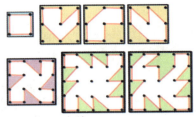

016.棋子连线

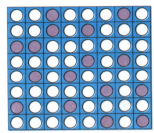

017.钉板分分看　划分方式如图所示：

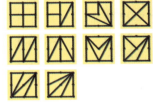

018.硬币谜题　没有规定说硬币不可以重叠摆放，所以你只要将右边第5枚硬币摆放在拐角处的硬币上，就可以解开这道题了。

019.蔬菜分分看　如图，这样划分就可以了。

020.正方形拼图　这11个图形的总面积等同于一个21×21正方形的面积，但21×21正方形并不能由这11个图形完

全覆盖。所以，可以装得下所有11个图形的最小的正方形是一个22×22的正方形，如图所示：

**021.积木立方体**　这道题的秘诀在于必须把3个小立方体放在要拼成的大立方体的对角线上，然后我们就可很容易地放置其他较大的积木，完成任务了。如图所示：

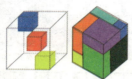

**022.穿过田地**　如图所示，一共有252种路线可以走。图中的数字表示经过交叉点的所有可能的线路总数。

**023.最大正方形**　这个内接正方形有3种画法，如图所示。它的边长为0.464，面积即为0.218296。

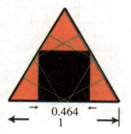

**024.线段的长度**　线段OD的长度为OC的长度加上CD的长度，即圆的半径为6厘米。圆点O到B点的距离为圆的半径距离，所以为6。而在矩形OABC中，对角线AC和OB是相等的，所以AC的长度应该为6厘米。

**025.卫星测量**　2000平方米。如图所示，你可以将这些图形进行拼合，就可以另拼出4个和阴影部分正方形大小一样的正方形。整块土地的总面积是100×100=10000平方米，那阴影部分正方形的面积就是10000/5=2000平方米。

**026.切割立方体**　只需切3刀。如图，将立方体水泥分割为相等的8个小立方体，这8块小立方体的边长都是1厘米，因此每个小立方体的表面积是6平方厘米，那么8个小立方体的表面积就是48平方厘米了。

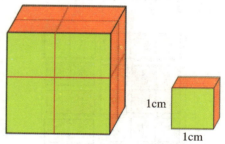

**027.重拼巧克力**　如图所示，A块巧克力可以单独作为正方形，2个B块可以拼成第2个正方形，2个C块可以组成第3个正方形，4个D块可以组成第4个正方形。

**028.涂色游戏** 72种。A有4种涂法，B有3种涂法，C有两种涂法，因为D只和C相邻，所以它可以有3种方法。所以是4×3×2×3=72。

**029.彩色格子** 颜色是一样的，这是色彩同化的例子。

**030.找不同** E。所有图形都分为4个部分。在前4个图形中，都是一部分可以接触到其它3部分，另外两个部分只可以接触到其他两个部分。而在E图中，有一个部分可以接触到另外2个部分，最后一部分只能接触到其中1个部分。

**031.水果组合** D。其他图中所有水果都是露出来的，遮挡的不多，只有D中的苹果被其他3个水果遮挡了许多。

**032.生活小常识** 光线都遵循折射原理，从侧面看到的金鱼和从浴缸上面看到的金鱼大小不一致。同样，从浴缸上面看到的是鱼的虚像，这个虚像比鱼实际位置要高。

**033.看大小** 3个花盆一样大。看着不同，只是因为距离远近不同罢了。

**034.不一样的图标** 扇形。只有扇形为闭合图形，其他图标都是非闭合图形。

**035.填字母** D、F。规律是：所有字母都按照字母表的顺序排列，但中间跳过了1个字母。顺序是从左上角的方框开始往下，然后从第2列的底部往上，如此以弓字形排列至第4列顶部。

**036.图形拼接** D。试着组装一下，就知D拼不出立方体。

**037.火柴游戏** 如图所示，按六边形的每条边来算，6条边上各有3根火柴。

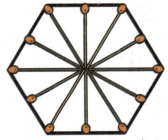

**038.猜角数** 不对。剪去两个角之后还剩下6个角，这是个越剪越多的问题。

**039.保持平衡** 18。菱形重量=3×三角形重量，矩形重量=2×菱形重量。因此，矩形的重量=6×三角形的重量，那么，3个矩形就等于3×6个三角形重量。

**040.独一无二** D。其他几幅图中的3个图形都是相接的，只有D中的图形有重叠和交叉。

**041.剪纸游戏** C。

**042.变化的菱形** 菱形是按照顺时针方向旋转的。

**043.找图形** 黄色的五角星。其他图形都是四边形。

**044.漂亮的墙纸** 如图所示：

**045.裁缝的手艺** 如图所示，这样剪裁就可以了。

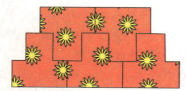

**046.趣味火柴**

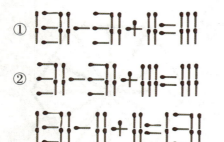

**047.剪裁正方形** 将两个图案叠起来剪一刀，然后拼凑起来，就成为正方形了。如图所示：

**048.巧用布料** 如图，这样剪裁和拼接即可。

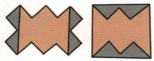

**049.三角形** 一共有28个不同的三角形。

**050.不同的图案** 第一组：D。其他图形都有曲线，只有D全部由直线组成。

第二组：B。其他图形都由曲线和直线组成，只有B全部由曲线组成。

**051.筷子的游戏** 如图所示，这样摆放就可以了。

**052.奇怪的数学课** 只需要将火柴棒做成的8中的一根火柴去掉，让它变成6，就可以使这个等式成立了。

**053.挑选拼图** 挑选出②、⑤、④、⑥这几块拼图就可拼凑出正方形。如下图所示：

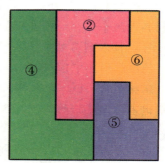

**054.巧变方形** 如图所示，这样连接可以得到6个正方形。

**055.哪个是圆心** 左数第4个点为圆心。

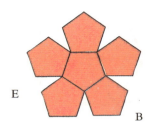

E

B

**056.变出正方形**　总共可以画出11个正方形。如下图所示：

**061.奇怪的地板**　可以。木板都是四边形，只要仔细观察测量，就会发现每4个四边形，总有4个内角组合在一起刚好是360度，所以正好拼成平面。如图所示：

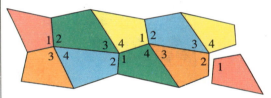

**057.寻找另类**　D图的阴影有2个，其他图都有3个阴影。

**058.手工拼图**　如图，这样即可拼出正五边形。

**062.三角形的变化**　如图，加上两笔，再涂上颜色就是10个三角形了。

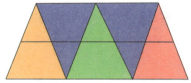

**059.拼出正方形**　如图，这样拼就可以了。

**063.用火柴拼三角形**　如图所示，第1种拼法是4个三角形，第2个拼法则是5个三角形。

**060.玩拼图**　B、E。B作为图形外围的一部分，与E拼接在一起可组成原图。

**064.摆多边形**　六边形。如下图所示，用火柴棒组成正六边形，并用其他火柴棒在内部摆成三角形。正好用完12根火柴，并符合题意。

**069.积木变换** D。图形2是图形1逆时针旋转90度所得。同理，图形4和图形3也应符合这个规律。

**070.拆分图形** C。

**071.数木块** 图中共有50块木块，计算方法：把图看成是一个4级阶梯，从下往上，最低的一级只有1块木块；第二级阶梯是两层木块组成，每层3块；第三级阶梯有3层，每层是5块；第四级阶梯是4层，每层7块，所以总共是：$1+3\times2+5\times3+7\times4=50$。还需要14块。方法：拼完整个图形共需$4\times4\times4=64$块，图中共有50块，所以还需要$64-50=14$块。

**072.数魔方的颜色** 一面涂色的小立方块是6个，两面涂色的小立方块是12个，三面涂色的小立方块是8个。

**073.用棋子摆正方形** 如图，没要求棋子不可以重叠。

**065.棋子摆摆看** 如图所示，加一枚棋子之后，再调一下其中两格里的棋子数量，就可以做到每行中的棋子总数不变了。

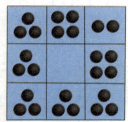

**066.出了洞的墙壁** 一共缺少44块砖。从图中可看出，每行砖的总数是7块半，根据剩下的砖块数，就可计算出每行漏洞处缺少的砖块数量。如，第一行缺2块，第二行缺2块，第三行缺3块，如此计算，将每行缺少的砖块数相加，即是总数。

**067.艾玛的十字** 如图所示，取走中间4根即可。

**068.剩下两个** 如图，虚线部分就是取走的木棍。

**074.数图形** 一共有27个三角形。

**075.变换正方形** 如图所示：

076.Z图的演变　如图所示：

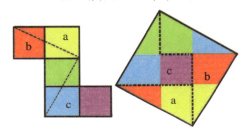

图一　　　　　　　　　　图二

077.摆图形　如下图所示，去掉虚线部分的8根火柴就使图形变成了3个正方形。

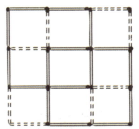

078.折正方体　D。从立方体的颜色来看，红色和紫色应是互为相对的面，不可能相接。

079.拼图形　如图，B、D、E正好拼成正方形。

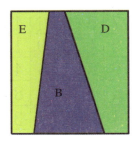

080.剪梯形　如图所示：

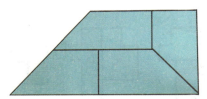

081.拼木板　如图所示：

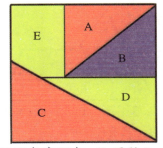

082.三角变正方　如图所示：

083.特别三角形　一共17个三角形。

084.用木棍摆图形

085.眼力测验　28个三角形。

086.小船变梯形　如图所示：

087.拼图游戏　如图，是这3种拼法。

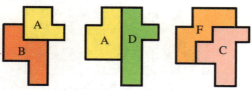

088.火柴图案　如图所示：

089.剪图形　E。其他4幅图是两两相对称的，只有E不对称。

090.组图　如图，图A可以拼成三角形。

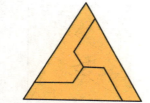

091.小白兔的三角形　共35个三角形。

092.月牙

如图所示，这样就能切成6块了。

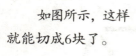

093.巧接拼图　如图所示：

094.彩色的拼图　如图所示：

095.缺的是哪一块图　D。图形按照★、◇、△的顺序循环排列。从左上角的方块开始沿第一行进行，再沿第二行回来，以此类推。

096.找图形　B。从前5个图案中可以发现这样的规律：立方体和圆柱体在按顺时针方向转，六棱柱在按逆时针方向转。B符合这个变化规律，故为正确答案。

### 数字游戏篇

001.骰子游戏　36。每个骰子6个面的点数和是21，三粒骰子一共有63个点。我们能看见27个点，所以看不见的11个面的点数和应为63-27=36。

002.填数字　如图所示：

| 2 | 9 | 4 |
|---|---|---|
| 7 | 5 | 3 |
| 6 | 1 | 8 |

003.数字游戏盘

| 7 | 6 | 5 | 6 | 4 |
|---|---|---|---|---|
| 2 | 1 | 6 | 9 | 1 |
| 9 | 8 |   | 5 | 4 |
| 5 | 1 | 3 | 5 | 8 |
| 4 | 2 | 9 | 7 | 3 |

**004.巧填表格** 数字的填法如图所示：

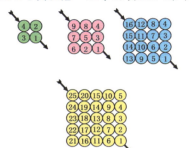

**005.摆放数字积木** 方法如下图方格所示：

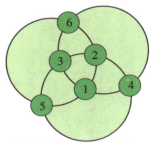

**006.水果代表的数字** 苹果=3、草莓=4、梨=5、桃子=6。

**007.数字圆圈**

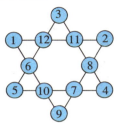

**008.富兰克林的八阶魔方**

| 52 | 61 | 4  | 13 | 20 | 29 | 36 | 45 |
|----|----|----|----|----|----|----|----|
| 14 | 3  | 62 | 51 | 46 | 35 | 30 | 19 |
| 53 | 60 | 5  | 12 | 21 | 28 | 37 | 44 |
| 11 | 6  | 59 | 54 | 43 | 38 | 27 | 22 |
| 55 | 58 | 7  | 10 | 23 | 26 | 39 | 42 |
| 9  | 8  | 57 | 56 | 41 | 40 | 25 | 24 |
| 50 | 63 | 2  | 15 | 18 | 31 | 34 | 47 |
| 16 | 1  | 64 | 49 | 48 | 33 | 32 | 17 |

**009.数字星盘**

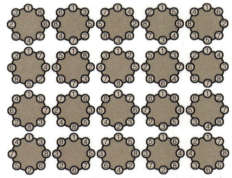

**010.数字谜题** 问号处的数字为8。规律是：表格中每列的数字和为27。

**011.数独游戏**

| 9 | 5 | 8 | 7 | 2 | 6 | 3 | 4 | 1 |
|---|---|---|---|---|---|---|---|---|
| 4 | 2 | 7 | 9 | 3 | 1 | 8 | 5 | 6 |
| 3 | 1 | 6 | 4 | 8 | 5 | 2 | 9 | 7 |
| 8 | 9 | 1 | 3 | 6 | 4 | 7 | 2 | 5 |
| 2 | 7 | 4 | 8 | 5 | 9 | 1 | 6 | 3 |
| 6 | 3 | 5 | 1 | 7 | 2 | 4 | 8 | 9 |
| 5 | 4 | 3 | 6 | 1 | 8 | 9 | 7 | 2 |
| 1 | 6 | 2 | 5 | 9 | 7 | 6 | 3 | 8 |
| 7 | 8 | 2 | 5 | 4 | 3 | 6 | 1 | 4 |

**012.圆桌骑士**

**013.问号是几** 问号处的数字是4。数字代表的是叠加在一起的图形的个数。

**014.问号数字** 问号处应填入的数字是29。规律为：将每个三角形各角上的数字相加，得出的和放入下一个三角形的中间。

**015.间谍密码** 特工C的密码是4和7。6×8=48，6×7=42，4×7=28，将它

们的积相加，就等于总部的118。

016.表格分分看  分法如图所示：

| 8 | 10 | 4 | 6 | 7 | 8 |
|---|----|---|---|---|---|
| 12 | 4 | 5 | 6 | 12 | |
| 9 | 9 | 2 | 4 | 11 | 7 |
| 3 | 7 | 8 | 11 | 8 | 4 |
| 7 | 12 | 6 | 5 | 6 | 4 |
| 5 | 6 | 9 | 13 | 9 | 5 |

017.算式游戏盘

018.不连续的数字

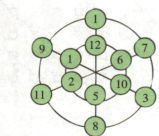

019.数字之环  数字的填法如下图所示：

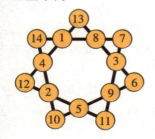

020.星盘平衡

021.星星谜题

11。在每个星星图形中，把上面3个角上的数字相加，再减去下面2个角上的数字，所得的结果就是星星中间的数字。

022.数字的运算  （1）27×6÷3+81−90=45

（2）290÷145×6+3−7=8

（3）6×7+205÷41−9=38

023.数学房子  缺失的数字是65。两个窗户上的数相加，再加1，和等于门上的数字。而门上的数字乘以2，再加上3，结果等于屋顶上的数字。

024.还原算式  289+764=1053

025.算式迷宫

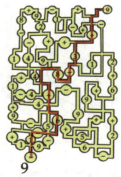

026.数字魔方  1。你可以把魔方上每一排的三个数字看成一个三位数，这样它们分别是19、20、21的平方数。

027.数字转盘  8和5。下面两个转盘上对应位置上的数字相乘，就得到了上面那个转盘上对应位置上的数字。

028.会移动的数字  数字移动的规

律是：每个数字按顺时针移动n－1格。如6移动6－1＝5个格子，得到现在的位置。

**029.水果数字** 29。苹果＝7，草莓＝11，梨＝12，桃子＝4。

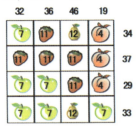

**030.数字彩带** 裁剪拼接方式如图所示：

**031.六边形数字** 数字的填写如图所示：

**032.数字幻方** 如图，是其中一种方法。

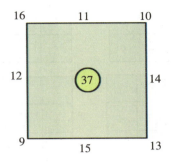

**033.扑克三角** 有几种排列方法，其中一种如图所示（数字代表的是牌的点数）。

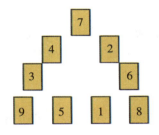

**034.发现宝藏** 分别有60枚和50枚金币。这个递减关系是：每一个宝箱中的金币数都等于第一个宝箱中的金币数与那个箱子编号的序数比。

1号宝箱＝300枚；

2号宝箱＝300/2＝150枚；

……

5号宝箱＝300/5＝60枚；

6号宝箱＝300/6＝50枚。

## 035.九宫格内的数字游戏

| 2 | 7 | 3 |
|---|---|---|
| 5 | 4 | 6 |
| 8 | 1 | 9 |

| 1 | 9 | 2 |
|---|---|---|
| 3 | 8 | 4 |
| 5 | 7 | 6 |

| 3 | 2 | 7 |
|---|---|---|
| 6 | 5 | 4 |
| 9 | 8 | 1 |

| 2 | 1 | 9 |
|---|---|---|
| 4 | 3 | 8 |
| 6 | 5 | 7 |

## 036.符号游戏

结果是0。$26 \div 9 = 2 \cdots\cdots 8$，所以$26 ☆ 9 = 8$，又$8 \div 4 = 2 \cdots\cdots 0$，所以$8 ☆ 4 = 0$。

## 037.切割数字模块

问号处是11和169。

通过观察，我们得出这样两点规律：①较小的数是连续的质数；②较大的数是较小的数的平方，并且恰好在较小数的对角线上。

## 038.乱码

请注意，中间两个方格的特点，它与上下左右、对角线所接触的方格有6个。所以，填在中间两格的任何一个数字，在1~8中，除了这个数本身以外，是有6个数字不能与它有连续关系的，也就是只有一个与自身有连续关系。满足这一条件的只有1和8。这样，其他方向的数字就很好确定了。

## 039.三角框内的数字

7。规律是：上面数字的平方是下边两个数字之和。

## 040.数字的游戏

如图所示：

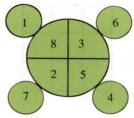

## 041.问号处是几

4。通过观察、计算，得出规律：中心的数是四周数和的一半。

## 042.九宫格上的数字

42。其实，每行的第一个数字乘以3再加上第二个数字就是最后一个数字。也就是：$8 \times 3 + 5 = 29$；$11 \times 3 + 32 = 65$；那么，$12 \times 3 + 6 = 42$。

## 043.求和

125。题干中说：余数是8，那么一位数作为除数，只能是9。所以推出商只能是10，被除数是98，这4个数之和125。

## 044.链形图

110。从"10"开始，每一个环中的数字是前面两位数字之和。

## 045.去掉谁合适

8。这组数列的奇数位和偶数位都遵循这样的规律：把前面的数字乘以2，然后再加1，就等于后面的数字，以此类推。

## 046.与众不同

25和16。第一组，其它数字的个位和十位数字加起来都是9；第二组，其他数字的个位和十位数字相加都等于8。

## 047.哪个不同

最后一个。其他几组都是每位数字相加之后所得和的最后一位数。

**048.数字链** 36和216。第一组：这几个数字均是10、9、8、7、6、5的平方。第二组：这些数字均是2、3、4、5、6、7的立方。

**049.三角塔数字** 3。在每个图形中，上边两个数字的和除以下边两个数字的和，就得到中间的数字。

**050.数形组合** 1。顺时针读，数字表示的是前一个图形的边数。

**051.对应数字** 28、22、32和12。第一组是前一个数字乘以3同时加1，得到第二个数字；第二组是前一个数字乘以3同时减2，得到第二个数字；第三组是前一个数字乘以2同时加2，得到第二个数字；第四组是前一个数字除以3同时加1，得到第二个数字。

**052.缺少什么** 196和227。第一组，是把每排数字当成三位数，从上到下依次是16、15、14、13、12的平方数；第二组，是把每排数字当成三位数，从上到下依次是12、13、14、15、16的平方数加上2。

**053.别样的气球** 66，51，15。3组气球的数字都是按照从左到右，再到中间的顺序排列的，前一个数字与后一个数字的关系是：1.（n+3）*2；2.（n-7）*3；3.2n-3。

**054.字母游戏** N=10。因为P=3，所以我们把P=3代入这4个等式，可以得到N=10。

**055.正方形与数字** A.10；B.97；C.9。4个角上的数字总和乘3再加上1就等于中间的数字。

**056.数的规律** 12。从数字2.01开始，后一个数字是前一个数字与3.33相加

之后的和。

**057.不同的车牌号码** 186915331。其他几个车牌号码都可以用作年月日的读法，而18691531中的"15"不能作为月的计算方式，一年中只有12个月。

**058.水果与数字** 16。其他数字个位和十位相加之和都是偶数。

**059.非常五角星** 6和0。五角星各角上的数字相加之和等于中间数字的平方。

**060.数字圆盘** 75，63，38。对顶角上的两个较大数字之和等于另一对顶角上的两个较小数字的乘积。

**061.猜数字** 134和92。第一、二数字之间相差17，第二、三数字之间相差16，第三、四数字之间相差15，依此类推。

**062.和相等** 3，8，8。第一组，每条边上的数字之和是10，第二组是23，第三组是24。

**063.特殊三角** 2和2。每个三角形3个角上的数字相加等于18。

**064.补充表格** 39，27。第一个方格中每行的前两个数字相加减去第三个数字便是最后一个数字；第二个方格的每行前两个数字相乘减去第三个数字便是最后一个数字。

**065.三角与数字** 第二个三角问号处的数字为60。第三个三角问号处的数字是11和5。上下每3个数字构成一个三角，上面两个三角的数字相减，等于下角上的数字，比如：68-27=41。

**066.时间** 第二个钟是早上8点35分，第三个钟是晚上8点10分，第四个钟是晚上8点50分。

**067.三角形上的数字** 17、279。三角形两个底角上的数字的乘积加上三角形底边中间的数字等于三角形顶角上的数字。

**068.泡泡上的数字** 5、6。第一组，每个数字的个位数到千位数相加等于15；第二组，每个数字个位数到千位数相加等于12。

**069.数字规律** 17、38。将每组中的四位数分开来看，中间两个数字为一个两位数，千位和个位数字各为单个数字。第一组每个数字的中间两位是最外边两位数字的乘积减去1；第二组中间的数字是最外边两个数字的乘积加上2。

**070.圆盘中的数字** 缺失的数字是18或者是75。看任意一格，并观察和它相对的那格。你会发现较大的数字是较小数字的2倍加1。

**071.补充表格** 问号处是17。规律是：以横向来看，每行前两个方格中的数字相乘再加上第三个方格中的数字，等于第四个方格中的数字。

**072.数字完形** A的问号处是36，B的问号处是40，C的问号处是32。这道题的规律是：中间的数字是上下数字之和与左右数字之和的差的2倍。

**073.金字塔上的问号** 问号处的数字是30。金字塔上的数字符合这样的规律，下面两个方格中的数字之和等于上面的方格中的数字。假设问号处的数字为X，然后一层层填满空格，那么顶部的数字就为3X+33，我们知道这个数字等于123，因而3X=123-33=90，所以X=30。

**074.特殊的数** 与众不同的数是467。因为其他数内部包含"5"，只有

467没有。

**075.创意算式** $1=55÷55$；$2=5÷5+5÷5$；$3=（5+5+5）÷5$；$4=（5×5-5）÷5$；$5=5+5×（5-5）$。

**076.数字之谜** 1。横向看，每一行的所有数字加起来，和都是10。

**077.缺失的数字** 34。数字的规律是：第一个格子的数字×第二个格子的数字+第三个格子的数字等于第四个格子的数字。

**078.花形公园** 如图所示，每个小图中的数字即是可种植的植物种类。

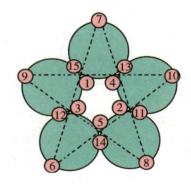

**079.正确密码** 根据题意可以推出密码的正确排序是453162。

**080.城堡的密码** 移动一根木棒变为：$1×1=1$。

**081.放数字** 如图所示：

| 1 | 12 | 8 | 13 |
|---|----|---|----|
| 14 | 7 | 11 | 2 |
| 15 | 6 | 10 | 3 |
| 4 | 9 | 5 | 10 |

**082.求Q的值** ①B+C=P
②P+T=Z
③Z+B=Q
④C+T+Q=30

同时已知B的值是8。

可以利用代入法：将①带入②推出8+C+T=Z；将②带入③推出：16+C+T=Q，即C+T=Q-16；将⑤带入④，推出Q+Q-16=30，所以Q=23。

**083.遗失的数字**　遗失的数字是11。相对的两个数字，一个是另一个的3倍减一。

**084.两边和相等**　把9倒过来放置成为6，然后把6和8互换位置，即可得到两边的和相等，其和都是18。

**085.找出密室的密码**　密室的密码是5、7。图中6个圆圈中数字两两相乘，再把积相加，所得的和是67，前面两个数字之积12，中间的两个数字之积是20，所以后面的两个数字之积是35，5乘以7等于35，所以这两个数字是5和7。

**086.填数字**　缺失的数字是10。其规律是：每一列第二个格中的数字是第一个格中的数字加3，第三个格中的数字是第二个格中的数字加5。

**087.求图形的值**　三角形的值是6，通过带入可以得出正方形的值是7，五角星的值是4，菱形的值是5。

**088.问号处的数字**　问号处的数字是4。这几个三角形的规律是3个角上的数字之和乘以2是中间的数字。

**089.数字游戏**　如：10、11、18、80、81、88、111等。

**090.积木金字塔**　你可以想象有两个同样的积木金字塔，它们正好拼成了一个平行四边形，共有21行、21列，即需要20×21=420个积木，那么搭一个积木金字塔就需要210块积木。

**091.数字蛋糕**　切割方法如图所示：

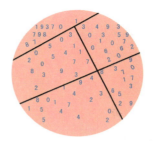

**092.数字密码**　字母一共有26个，所以可以有26种选择。数字0~9可以有10种选择，所以密码设定的可能性分别为：1.P=26×26×10×10×10=676000种。2.P=26×25×10×9×8=468000种。3.P=1×25×10×9×8=18000种。

**093.数字金字塔**　我们可以设置金字塔最底层丢失的数字为N，然后一层层填满金字塔，最后列出等式3N+44=80，可以求得N=12。

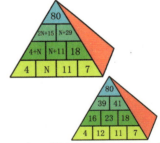

**094.改正错误等式**　由题我们知道1+2+3+4+5+6+7+8+9=45。因为原式左边部分比后边部分大10。只让变换一个数学符号，那么就要想办法使左边的总和减少10。因此，分析之后得到，只需把加5改成减去5就可以得到原式子中的得数了。

即改成：1+2+3+4-5+6+7+8+9=35。

**095.金字塔数字之谜**　46656和3。下面两个数字相乘所得的积即是上面的数字。

**096.数字之星** 72。通过观察，得出中间的数字是上下和左右相对数字之差。

**097.数字龙** 0。观察，式子是73减去整数，从1开始到98，说明中间必定有73，73－73＝0。因为乘式中有一个因子是0，说明结果是0。因为0乘以任何一个数字都是0。

### 哈佛经典篇

**001.赛跑** 实际上，圆形跑道的直径与问题无关。当两人相遇时，大个子甲已走完全程的1/6，而小个子乙在大个子甲行走的这段时间内，跑了全程的17/24，因此大个子甲的行走速度是小个子乙的跑步速度的17/4倍。这时，大个子甲还有5/6的路程要走，而小个子乙只有1/6的路程了，大个子甲的速度要必须至少是小个子乙速度的5倍，才可能赢，也就是至少是他前一段路程速度的85/4倍才行。

**002.夺命逃生** 逃生步骤如图所示：

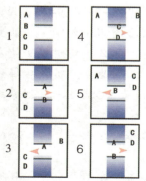

**003.伦敦塔守卫** 如图，这样走他

们的路线彼此不会交叉。

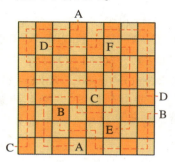

**004.伦敦塔守卫（2）** 路线如图所示：

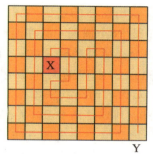

**005.接电线** 如图所示，从B点到A点连接用的电线最短，一共需要用去233厘米的电线。

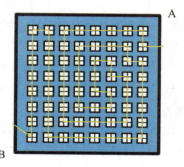

**006.午后茶会** 地点选在5号路与4号街的交叉口最合适。如图所示：

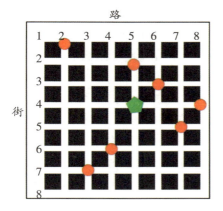

姑娘每支玫瑰花卖15/(100-X)美元,因此她总共卖了X15/(100-X)=15X/(100-X)美元。同样,第二个姑娘卖的20/3/X(100-X)美元。根据题中所知,两人赚的钱数一样多,所以:15X/(100-X)=20/3/X(100-X),因此X=40。

**011.晚会门票** 门票共有84张。

我们知道二车间每人分到4张票,如果车间的员工都到齐了,那么每人发完之后,王厂长还有4张票。假如发票那天,二车间有两人恰好没来,那么这一天一车间人数和二车间的人数是相同的。如果这一天二车间那两个没来的人没有领票,那么王厂长手里总共还有12张票。所以,如果给一车间每位员工发4张,会多余出12张。题目又告诉我们,如果给一车间每位员工5张,还缺6张。所以,一车间的人数为:(12+6)/(5-4)=18(人)。那么王厂长总共有票的张数是:5×18-6=84(张)。

**012.围巾的价钱** 要花16.5元。

红红差了2元,佳佳差了15.5元,说明15.5元<这条围巾的价钱<17.5元。那么,最可能的情况就是,这条围巾价值16.5元。如此,红红带了14.5元钱,佳佳带了1元钱,所以她俩的钱加起来,仍不够围巾的价钱。

**013.分蜂蜜** 先用蜂蜜把13公斤的容器盛满,在这里倒出5公斤,盛满5公斤的容器,那么13公斤的容器内就剩下8公斤了。将这8公斤蜂蜜倒入11公斤的容器内。再把5公斤容器中的蜂蜜倒入大容器内。再次从大容器中取出一些蜂蜜盛满13公斤的容器,倒出5公斤后还剩下8公斤。那么,最后将5公斤容器中的蜂蜜倒入大容器之

**007.3个人的酒会** 如图所示,最少需要倒6次才可以把酒平分成3份。

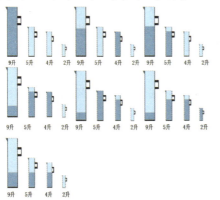

**008.射击比赛** 尼克共打中了8环区域2枪,12环区域7枪。

**009.牛和草** 可吃8.4天。因为草每天生长得一样快,可算出每天生长的草可供多少头牛吃,列算式为:(12×24-16×8)÷(24-8)=5。然后可算出这片草地够25头牛所吃的天数:(12-5)×24÷(25-5)=8.4天。

**010.卖玫瑰** 第一个姑娘带了40支玫瑰花,第二个姑娘带了60支。假设第一个姑娘带了X支,那么第二个姑娘就带了(100-X)支。根据第一个姑娘对第二个姑娘所说的话,可知第一个

内，这样大容器内有蜂蜜也是8公斤了。

**014.投靶的射手**　至少有20%的射手四次投靶都中了80标以上。

假想在100个射手中，有30、25、15、10名射手分别在4次投靶中没有中得80标，那么，4次投靶中都得了80标的射手至少有：100-30-25-15-10=20。也就是说，4次投靶中，都中了80标以上的射手占总射手数的20%。

**015.大米的重量**　这袋大米重23公斤。这4个人分别估计的重量是26、17、21和20斤。从这些数字中找出单数17和21，不满足条件只有一人相差两公斤。在双数26和20中找，有23，满足题目所给的条件。所以大米重23公斤。

**016.小蚂蚁淘水**　14只。假设水瓢每小时漏进来的水量是a，根据条件可以得出等式：$5×8-10×3=（8-3）×a$，计算得出a=2。同理，假设需要m只用2小时可淘完水，所以$10×3-m×2=2（3-2）$，计算得出m为14只。

**017.橙汁和冰糖水**　B瓶有橙汁5/16（瓶）橙汁，有1-5/16=11/16（瓶）冰糖水。

A瓶原有橙汁是1/2。第一次将B瓶中的冰糖水倒满A瓶时，A瓶中有橙汁1/2瓶、冰糖水1/2。第二次把A瓶的冰糖水和橙汁倒满B瓶时，这时，B瓶里装有橙汁1/2×1/2=1/4（瓶），A瓶里剩下橙汁1/4（瓶）；第三次把B瓶的冰糖水和橙汁倒满A瓶时，A瓶里剩下1/4+1/4×1/2=3/8（瓶）橙汁，B瓶里剩下1/4×1/2=1/8（瓶）；第四次把A瓶的冰糖水和橙汁倒满B瓶时，这时B瓶里

有1/8+3/8×1/2=5/16（瓶）橙汁，A瓶里有3/8×1/2(瓶)橙汁。同时，B瓶里有1-5/16=11/16（瓶）冰糖水。

**018.贝拉和卡片**　贝拉放对了两张卡片。题目中，正好有三张卡片放对了与只有一张卡片放错了是一样的概念。但是，正好三张卡片放对了是不可能的，因为如果正好三张卡片放对了的话，那么第四张卡片也必然放对了。所以，放对的只有两张卡片。

**019.老板的礼物**　总共送出去17份礼物。

我们可以倒着推出来：假设来的第三位顾客，老板没有送给他礼物，那么就有(2+1/2)×2=5份礼物。如果第二位顾客也没有被送礼物，那么就有（5-1/2）×2=9份礼物。如果老板也不给第一位顾客送礼物，那么就有（9-1/2）×2=17份礼物。所以说，老板总共送出去17份礼物。

**020.时针和分针**　不对，11次。通过观察，我们发现，在11与1点之间的这两个小时内，钟表的时针和分针只在12点的时候重合了一次。所以我们的答案是11。

**021.牧羊人**　假设下面的三角形ABC代表我们的模板草地，其中阴影部分是羊被栓到C处时所能啃到的草地。我们把整个图形拓展，6个等边的三角形便可以形成一个六边形，因此阴影部分草地的面积是整个圆面积的六分之一，所以只要绳长是该圆的半径，就可让羊吃到一半的草了。

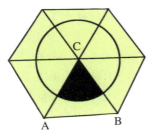

022.打牛奶　要做好这件事需要6个步骤。

(1)将5公斤瓶装满鲜奶；

(2)用5公斤瓶的鲜奶装满3公斤瓶，这时5公斤瓶中就有2公斤鲜奶，3公斤瓶中有3公斤鲜奶；

(3)倒空3公斤的小瓶，这时，5公斤瓶中2公斤鲜奶不要动；

(4)将5公斤瓶中的2公斤鲜奶全部倒入3公斤小瓶中；

(5)3公斤小瓶中有2公斤鲜奶不要动，将5公斤大瓶再次装满鲜奶；

(6)用5公斤大瓶的鲜奶将小瓶的鲜奶加满。这时，小瓶中有3公斤鲜奶，大瓶中刚好是4公斤鲜奶。

023.各跑了几圈　300:360:200=15:18:10。

即A、B、C三人分别跑了15圈、18圈、10圈。

024.肇事中的数学　250米。第一辆车和第二辆车的相对速度是80-65=15千米/时，每分钟250米，所以相撞前一分钟的距离是250米。（注意单位的转换）

025.猪和羊赛跑　不能。羊跑100米，猪跑90米，羊又跑10米到达终点，可是猪跑了9米，还差一米才能到达终点，所以，这种方法不可行。

026.小兔子搬白菜　200米。2个小兔子抬白菜走的路程是300米，它们走的路加起来是300×2=600米，现在有3个小兔子抬，那么每只小兔子走的路程就是600÷3＝200米。

027.等分款项　迪姆分到15000美元，保罗分到10000美元。

卡尔需要拿出25000美元，才能获得迪姆和保罗共同投资的三等分股份，所以在卡尔投资之前，该公司的资金总额应该是50000美元。由于迪姆投入的是保罗的1.5倍，所以他投入的是30000美元，而保罗的应该是20000美元。所以迪姆应该分到卡尔投资的15000美元，而保罗分到10000美元。

028.小朋友吃李子　13个小朋友，83个李子。

这道题是一个盈亏问题，它有固定的公式：（盈+亏）/分差=人数。所以，（8+5）/（7-6）=13（个），即小朋友的人数。再根据题干，得知李子数是：13×6+5=83（个）。

029.打扫卫生的日期　每隔420天会同时出现。从第一天开始，直到他们同时出现，中间相隔的天数是2、3、4、5、6、7。所以最后的日子应该是这些数的最小公倍数，即为420。

030.算算价钱　23。麦森把数字看反后，书价相差18，说明十位数字和个位数字相差2。总价是39美元，所以书价是31美元，那么杂志的价格是8美元，所以杂志比书便宜23美元。

031.两地距离　3600米。30与40的最小公倍数为120，如果不考虑第一根电杆。那么每120米中，间隔为30米与每间隔40米相差一根电线杆。现在两者相差30根，所以甲、乙相距120×30=

3600（米）。

**032.追逐问题**　3小时。其实我们可以假设卡达和索拉的速度分别是7A和5A。那么甲乙两地的距离就是（7A+5A）×0.5=6A。所以他们相向而行，卡达追上索拉需要6A÷（7A-5A）=3（小时）。

**033.要放多少盆栽**　20盆。相邻两盆栽的距离应该是715和520的最大公约数，即65。所以，这条道路最少放盆栽的数目是：（715+520）/65+1=20。

**034.方阵中的数学问题**　256人。N排N列的方阵总人数是：（最外层人数÷4+1）×2。所以，这个方阵共有（60÷4+1）×2=256（人）。

**035.兴趣小组**　2个。因为参加音乐组的是6个同学，参加美术组的是5个，这样加起来是11个。题目中说只有9个同学参加兴趣组，说明多出来的数就是两个组都参加的同学，即2个同学。

**036.多少只鸡**　140只。从题干中得知长尾鸡和火鸡的数量总共是28。而乌鸡和普通白鸡占总量的80%，则长尾鸡和火鸡占总数的20%，所以可算出总数是140。

**037.钱少了**　两种葡萄分开卖的话，每公斤的价钱就是：（10/3+10/2）/2=25/6（美元），总共卖60公斤，就是250美元；但是混在一起了，每公斤的价钱就是20/5=4（美元），总共60公斤，所以只能卖240美元。

**038.萝卜也可以这样买**　水萝卜根和叶子都是一元一公斤才对，这样才会和预想的一样。如果按照这个买菜人的分法，水萝卜的实际价钱要比原价便宜

了很多，所以最后钱少了。

**039.优秀员工**　61人。由题干得：如果每人分5箱，则余下148+12×（7-5）=172（箱）。如果每人分7箱，则余下20+30×（8-7）=50。假设有X人是优秀员工，那么有5X+172=7X+50，得出X=61。

**040.猫和老鼠**　如下图所示：

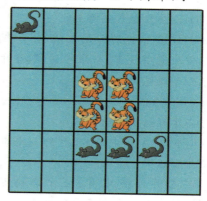

**041.甲队和乙队**　14天。设总工程是1，甲队和乙队合作，每天工作量是：1/20+1/10=3/20。循环6轮即12天后，一共做了3/20×6=9/10，还剩1/10。接下来的第13天是甲队工作，可以工作1/20，还剩下1/20；第14天，乙队把剩下的工作做完。所以总共需要14天。

**042.漏掉的酒**　1/36。设原有酒量是Y，每天漏酒量是X。可以得出：Y=（8+X）×4，Y=（5+X）×6。解得X=1，Y=36。所以，X:Y=1/36。

**043.扶梯的级数**　100级。设扶梯的速度是X级/秒。上面说的两种情况中，扶梯的级数是相等的，所以列出的方程是（X+2）×40=（X+3/2）×50，得出X=0.5。那么扶梯级数是（0.5+2）

×40=100（级）。

044.**睡莲** 29天。因为睡莲每天遮盖的面积都是前一天的2倍，30天刚好遮住整个水面，说明它的前一天，即第29天恰好遮住水面的一半。

045.**盐水的浓度** 3%。可以做这样的假设：第一次加水后糖水是100千克，糖是6千克。则第二次加水后糖水是6÷4%=150（千克），那么第三次加入同样多的水后糖水是200千克，浓度变成：6÷200×100%=3%。

046.**建图书馆** 在房子数量为偶数的情况下，应该建在最中间两所房子的中心；而当房子数量为奇数时，最中间的房子离所有房子的距离最近。

047.**分财产** 父亲先从钱袋里拿出6份给他的6个儿子每人一份。这时钱袋里还剩下一份财产，父亲连同钱袋一同送给了另一个儿子。正如题目所说的，父亲将7份财产平分给他的儿子，钱袋里还剩下一份。

048.**暑假作业** 8。假设其中某一天是X，那它的前一天就是X-6，后一天就是X+6，几天做完的题目相加之和等于100，因此得出X=8。

049.**损失了多少钱** 49美元。老板支出：给吉尔基德的48美元，给邻居的50美元，饮料的成本价1美元，共计99美元。因此，老板的收入是50-99=-49美元。

050.**登山游戏** 乔治在第105个台阶上，马丁在第65个台阶上。

051.**乒乓球比赛** 甲。由丙共当了8场裁判可知甲乙一共打了8场比赛，再由甲一共打了12场比赛，可知甲丙一共打了4场比赛。因为乙一共打了21场比赛，

所以总赛次是25。因为甲一共打了12场，那么可知第一场是乙丙打，甲当裁判，然后甲一直是上去打一次输一次，所以第11场的裁判就是甲，而第10场比赛输的也是他。

052.**青蛙** 永远都跳不出去。

053.**树与树之间的距离** 70米。种了7棵树，路的两旁没有种树。间隔数比树多1，所以间距是560÷（7+1）=70（米）。

054.**图形类推** A。图1有6个面，图2有4个面，二者的面数对应比例是3比2；图3有3条边，那么相应的图4应有2条边，与图3形成与图1、图2相同的对应比例。

055.**摆椅子** 如下图所示，每条边都是3把椅子，符合要求。打破思维方式，用创新的方法解决问题，就很好办了。

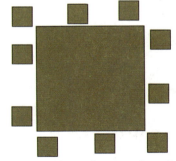

056.**不同的图形** A。其他图形中都包含有正方形，但A中没有，只有三角形。

057.**文艺演出** 站队方法如图所示：

058.**麻烦的称油** 先从大桶中倒出

5千克油到5千克的桶，然后再将其倒入9千克桶里。再从大桶里倒出5千克油到5千克的桶里，然后用5千克桶里的油将9千克的桶灌满。现在，大桶里剩有2千克油，9千克的桶已装满，5千克的桶里有1千克油。再将9千克桶里的油全部倒入大桶里，大桶里有了11千克油。把5千克桶里的1千克油倒进9千克桶里，再从大桶里倒出5千克油。现在大桶里有6千克油，而另外6千克油也被换成了1千克和5千克两份。

**059.山羊难题**　6只山羊排成3排且每排3只，可以如下图排列：

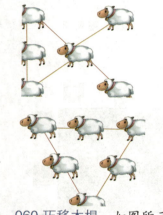

**060.巧移木棍**　如图所示：

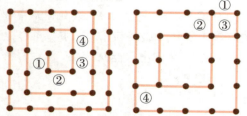

**061.图形变换**　D。规律是将图①从中间分开，然后在中间倒着插入一个相等的图形，变成图②，图③与下一个图形的关系也是这样的。

**062.不能移动的硬币**　用左手中指按

住中间的2角硬币，用右手将那枚可以接触和移动的5角硬币移动，使它与1元硬币紧挨。用2角硬币去撞击旁边的1元硬币，然后就会空出来一个地方放得下5角硬币，然后用右手将5角硬币移动进去。

**063.互换位置**　猫的移动顺序：2号箱子的移到1号、6号的移到2号、4号的移到6号、7号的移到4号、3号的移到7号、5号的移到3号、1号的移到5号。

**064.合唱队员**　A队的121编号前面总共有120个队员，相应地就有120个B队的队员编号大于294。因此全团的队员数量是294+120=414。

**065.对应关系**　A。图①与图②的面数对应比例是2比3，那么相应的图③与图④的边数比例也应是2比3。所以，正确答案应为A。

**066.城市划分**　划分方式如图所示：

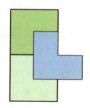

**067.找共性**　4个图形的共性就是它们都含有四边形。

**068.问号处是什么**　A。仔细观察，可以发现前8张图有一个共同的特征，那就是带颜色部分的面积与空白部分的面积各占了整个图形面积的一半，而A、B两个选项中，只有A符合这个特征。

**069.接电线**　如下图所示，将线板4等分。

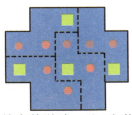

**070.扑克牌游戏** 这8张扑克牌的顺序是：6、6、8、8、6、8、6、8。

**071.图形对应** C。图一与图二的对应关系是：图一的最小部分顺时针旋转90度，中间部分保持不动，最大部分逆时针旋转90度，最终变成图二。

**072.分糖果** 移动的顺序是：从第一堆拿7个移到第二堆，第一堆变为4个；从第二堆拿6个移到第三堆，第二堆变为8个，第三堆12个；再从第三堆拿4个移到第一堆，这样三堆都是8个了。

**073.富翁的四个儿子** 把庄园分割如下：

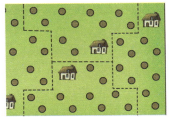

**074.推箱子游戏** 先将7号箱子向下移动1格，再向左移动3格，然后向下移动1格；将6号箱子向左移动1格，向下移动1格；将5号箱子向右移动1格。这样，5、6、7号箱子就排成了一条直线，将5号箱子向下推3格，5、6、7号就都推出了出口。之后，将4号箱子向右移动3格，再向下移动3格，推出出口；将3号箱子向左移动两格，向下移动3格，向右移动4格，再向下移动2格，推出出口；将1号箱子向下移动4格，向右移动4格，再向下移动2格，推出出口；将2号箱子

向左移动2格，向下移动4格，向右移动4格，再向下移动2格，推出出口。

**075.詹尼的画** 如图所示，这样划分即可。

**076.奶奶的院子** 如下图所示，移动右下方的两道篱笆即可。

**077.神奇的组合** 皮特可以把它们组合成一个五角星，如下图所示：

**078.一起分水果** 如图所示：

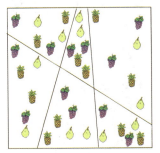

**079.翻转图形**　需要翻转3张图片，分别为左数起第1、第3、第6图。

**080.面包圈**　切法如图所示：

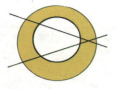

**081.分开的小鸡**　如图所示：

**082.长尺和苹果**　A。规律是：直尺下面苹果个数的2倍，加上直尺上面的苹果个数，得出的结果都是8。

**083.饮水**　题目要求4个县的面积一样，但是并没有要求4个县的位置区域必须在一块，所以可以将正方形沿对角线剖分而得到等腰直角三角形。如图所示：

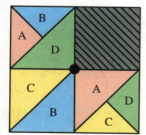

**084.圆圈与老鼠**　画法如图所示：

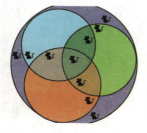

**085.切蛋糕**　如图，这样就可切出22块了。

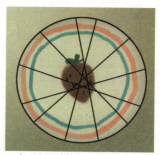

**086.卡尔的算术技巧**　可在这10亿个数前面加一个"0"，再把前面10亿个数两两分组：999 999 999和0；999 999 998和1；999 999 997和2；999 999 996和3，以此类推，一共可分成5亿组。各组数字之和为9+9+9+9+9+9+9+9+0=9+9+9+9+9+9+9+9+8+1=81。最后一个数1 000 000 000不成对，它的数字之和为1。

所以这10亿个数的数字之和为：

（500 000 000×81）+1=40 500 000 001。

**087.逛超市**　丽娜和妈妈逛大市场和逛4个小市场走的路是一样的（不包括重复走路的部分）。她们逛大市场走的路恰好是R圆的周长。而4个小市场的直径的和恰好是大市场的直径，所以周长之和与大圆周长是相等的，即她们走的路是相等的。

**088.三个小鬼称体重**　他们3个可以先全部站在秤上，称出3个人的总体重。然后爱丽先下去，再称出汤姆和可可的体重，总体重减去汤姆和可可的体重即是爱丽的体重。同样的办法，也可以分别称出可可和汤姆的体重了。

**089.杰克的拼图**　C。将图1垂直旋转，再顺时针旋转90度之后水平旋转便得到图2，因此将图3用同样方法旋转，

就能找出正确答案为C。

**090.有古树的地** 如下图所示，打破固有思维，划分就没那么难了。

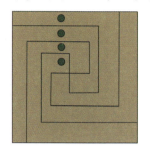

**091.划分数字** 如下图所示，这样划分即可，每一部分的数字之和为14。

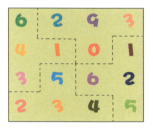

**092.林顿的彩笔** 如图所示，只要3种颜色的笔就可以了。

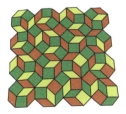

**093.折叠** E。

**094.木棒与直角** 将两根木棒A、B垂直放置，二者在同一个平面上，然后将木棒C放置在与AB构成的平面相垂直的平面上，构成立体图。这样C同时垂直于A和B，三根木棒便两两各构成4个直角，一共就是12个直角了。如图所示：

**095.立体图形** C。

**096.图形排列** D。规律是每3个圆（上面一个，下面两个）按三角形排列成一组，下面两圆中的图形组合后，去掉重叠部分，就是顶角圆圈中的图形。

**097.色子的滚动** 点数是5。如图所示：

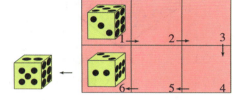

**098.拼成立方体** B。从T形纸的图案入手，看哪些图案各自的面是连在一起的，并从图案出现的方向位置上去判断，只有B符合要求。

**099.做几何题** D。由正视图可排除A、B选项，由俯视图可排除C选项。

**100.侧视图** C。假设在图2的右边放面墙，观察图形可直接得到答案。

**101.飞行的蝴蝶** 最短路线是50厘米。假设将立方体展开，连接A、B两点，直线AB即是最短的途径。AB必与原立方体的一条边交于一点，设为C点。C点应为这条边的中点。已知立方体高20厘米，长30厘米，长度的一半即为15厘米。根据勾股定理，可计算AC与BC的长度都为25厘米，总长即为50厘米。

102.求角度数　60度。连接BC，三角形BAC是等边三角形，所以每个角的度数都是60度。如下图所示：

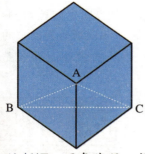

103.比长短　两条线段一样长。

104.不同角度的立体图形　C。图2是图1的俯视图，只有C项是图3的俯视图。

105.长方体的表面花纹　E。从图案上花朵的花柄方向去判断，只有E项才有可能是那张彩纸折成的图形。

106.代数　9。把相邻两个椭圆中间的数字相减，所得结果就是两个椭圆交叉位置上的数字。

107.计算出100　123－45－67＋89=100。

108.动物等式　白兔的编号是3，山羊的编号是4，水牛的编号6，公鸡的编号是7，鲤鱼的编号10。